Wirkprinzipprüfungen und Vollprobetest für Gebäude

Jetzt diesen Titel zusätzlich als E-Book downloaden und 70 % sparen!

Als Käufer dieses Buchtitels haben Sie Anspruch auf ein besonderes Kombi-Angebot: Sie können den Titel zusätzlich zum Ihnen vorliegenden gedruckten Exemplar für nur 30 % des Normalpreises als E-Book beziehen.

Der BESONDERE VORTEIL: Im E-Book recherchieren Sie in Sekundenschnelle die gewünschten Themen und Textpassagen. Denn die E-Book-Variante ist mit einer komfortablen Volltextsuche ausgestattet!

Deshalb: Zögern Sie nicht. Laden Sie sich am besten gleich Ihre persönliche E-Book-Ausgabe dieses Titels herunter.

In 3 einfachen Schritten zum E-Book:

❶ Rufen Sie die Website **www.beuth.de/e-book** auf.

❷ Geben Sie hier Ihren persönlichen, nur einmal verwendbaren E-Book-Code ein:

    247663AD5AAB9F6

❸ Klicken Sie das „Download-Feld" an und gehen dann weiter zum Warenkorb. Führen Sie den normalen Bestellprozess aus.

Hinweis: Der E-Book-Code wurde individuell für Sie als Erwerber dieses Buches erzeugt und darf nicht an Dritte weitergegeben werden. Mit Zurückziehung dieses Buches wird auch der damit verbundene E-Book-Code für den Download ungültig.

D1727605

Wirkprinzipprüfungen und Vollprobetest für Gebäude

Mehr zu diesem Titel

... finden Sie in der
Beuth-Mediathek

Zu vielen neuen Publikationen bietet der Beuth Verlag nützliches
Zusatzmaterial im Internet an, das Ihnen kostenlos bereitgestellt wird.
Art und Umfang des Zusatzmaterials – seien es Checklisten, Excel-Hilfen,
Audiodateien etc. – sind jeweils abgestimmt auf die individuellen
Besonderheiten der Primär-Publikationen.

Für den erstmaligen Zugriff auf die Beuth-Mediathek müssen Sie sich
einmalig kostenlos registrieren. Zum Freischalten des Zusatzmaterials für
diese Publikation gehen Sie bitte ins Internet unter

www.beuth-mediathek.de

und geben Sie den folgenden Media-Code in das Feld „Media-Code eingeben
und registrieren" ein:

M247666912

Sie erhalten Ihren Nutzernamen und das Passwort per E-Mail und können
damit nach dem Log-in über „Meine Inhalte" auf alle für Sie freigeschalteten
Zusatzmaterialien zugreifen.

Der Media-Code muss nur bei der ersten Freischaltung der Publikation
eingegeben werden. Jeder weitere Zugriff erfolgt über das Log-In.

Wir freuen uns auf Ihren Besuch in der Beuth-Mediathek.

Ihr Beuth Verlag

Hinweis: Der Media-Code wurde individuell für Sie als Erwerber dieser Publikation
erzeugt und darf nicht an Dritte weitergegeben werden. Mit Zurückziehung dieses
Buches wird auch der damit verbundene Media-Code ungültig.

Wirkprinzipprüfungen und Vollprobetest für Gebäude

Jörg Balow
Dirk Borrmann
Achim Ernst
Frank Lucka

Wirkprinzipprüfungen und Vollprobetest für Gebäude

Kommentar zu VDI 6010 Blatt 3

1. Auflage 2015

Herausgeber:
Verein Deutscher Ingenieure e. V.

Beuth Verlag GmbH · Berlin · Wien · Zürich

Herausgeber: Verein Deutscher Ingenieure e. V.

© 2015 Beuth Verlag GmbH
Berlin · Wien · Zürich
Am DIN-Platz
Burggrafenstraße 6
10787 Berlin

© 2015 VDI Verein Deutscher
Ingenieure e. V.
VDI-Platz 1
40468 Düsseldorf

Telefon: +49 30 2601-0
Telefax: +49 30 2601-1260
Internet: www.beuth.de
E-Mail: kundenservice@beuth.de

Telefon: +49 211 6214-0
Telefax: +49 211 6214-575
Internet: www.vdi.de
E-Mail: vdi@vdi.de

Titelbild: © fotolia, Cheyenne
Satz: Stahringer Satz GmbH, Grünberg
Druck: mediaprint group GmbH, Paderborn
Gedruckt auf säurefreiem, alterungsbeständigem Papier nach DIN EN ISO 9706

ISBN 978-3-410-24766-1
ISBN (E-Book) 978-3-410-24767-8

Autorenporträts

Jörg Balow VDI, EUR ING, staatl. anerkannter Betriebswirt

Niederlassungsleiter Anlagentechnik Berlin bei der Cofely Deutschland GmbH

Jörg Balow arbeitete über sechs Jahre im technischen Betrieb von Gebäuden, sechs Jahre in einem internationalen Planungsbüro und ist seit über zehn Jahren in ausführenden Generalunternehmen der TGA tätig. Heute ist er Niederlassungsleiter Anlagentechnik bei der Cofely Deutschland GmbH in Berlin. Er ist Autor des Buchs „Systeme der Gebäudeautomation" und langjähriger Schulungsleiter beim VDI Wissensforum. Herr Balow unterstützte die Beuth-Hochschule in Berlin im Rahmen eines Lehrauftrags und als Mitglied einer Berufungskommission. Seit einiger Zeit ist Herr Balow Vorsitzender der Richtlinienausschüsse VDI 6010 Blatt 2 und Blatt 3 sowie des Richtlinienausschusses VDI 6016, er leitet den Arbeitskreis AK 070 Gebäudeautomation beim GAEB, unterstützt die Überarbeitung der AMEV Gebäudeautomation 2014 und arbeitet an den VDI-Richtlinien VDI 3813 und VDI 3814 sowie an der DIN 18386 (ATV VOB Teil C) aktiv mit. Herr Balow ist Mitglied im Fachausschuss Elektrotechnik und Gebäudeautomation des VDI und Beiratsmitglied der Gesundheitstechnischen Gesellschaft in Berlin.

Dipl.-Ing. (FH) Dirk Borrmann VDI, staatl. geprüfter Betriebswirt

Geschäftsfeldleiter Elektro- und Gebäudetechnik bei der TÜV Rheinland Industrie Service GmbH, bauaufsichtlich anerkannter Prüfsachverständiger für technische Anlagen

Nach einer Ausbildung zum Maschinenschlosser und einer anschließenden Tätigkeit als Turbinenmonteur nahm Dirk Borrmann an der Technischen Fachhochschule Berlin das Studium der Versorgungs- und Energietechnik auf. Hier legte er bald seinen Schwerpunkt auf die Lüftungs- und Klimatechnik. Mit seiner Diplomarbeit, in der er experimentell an einem Kammerprüfstand den Energieverbrach von Ventilatoren in Kastengeräten untersuchte, gewann er den 1. Preis der Bälz-Stiftung. Nach einer kurzen Tätigkeit in einem kleinen Ingenieurbüro wechselte er zu einer großen Prüfgesellschaft, um dort eine langjährige Tätigkeit als Sachverständiger für Gebäudetechnik anzunehmen. Hier war er mit vielen Gebieten der Technischen Gebäudeausrüstung befasst. Um sich einen besseren Einblick in die betriebswirtschaftlichen Zusammenhänge zu verschaffen, nahm er ein Abendstudium der Betriebswirtschaft auf, das er 2003 erfolgreich beendete. Die Ausbildung und Erlangung der Anerkennung als Prüfsachverständiger für technische Anlagen im Jahr 2005 war ein weiterer wichtiger Meilenstein seiner Fachkarriere. Mit dem Wechsel zum TÜV Rheinland übernahm er die Leitung des Geschäftsfelds Elektro- und Gebäudetechnik. In dieser Funktion ist er für die Länder Berlin und Brandenburg verantwortlich. Herr Borrmann ist ehrenamtlich als Vorstandsmitglied bei der Gesundheitstechnischen Gesellschaft (GG) in Berlin, als Mitglied in der Fachsektion Brandschutz der Brandenburgischen Ingenieurkammer (BBIK), in der Arbeitsgemeinschaft Schadenverhütung (AGS) und bei der Arbeitsgemeinschaft Betrieblicher Brandschutz Berlin (AGBB) sowie als Mitglied des VDI im Richtlinienausschuss VDI 6010 Blatt 3 tätig.

Dipl.-Chem. Ing. Dipl.-Wirtschaftsing. (FH) Achim Ernst

Teamleiter Brandfallsteuerungen, Senior-Projektleiter bei der Gruner AG in Basel

Achim Ernst war zunächst fünf Jahre in der Projektierung tätig. Danach leitete er sechs Jahre eine Entsorgungsanlage und war auch für den Verkauf zuständig. Seit 2001 ist er in der Gruner AG in Basel als Sicherheitsingenieur beschäftigt. Seit zwei Jahren leitet er das Team Brandfallsteuerungen. Seit über 10 Jahren plant er Brandfallsteuerungen, indem er Konzepte und Brandfallsteuerungsmatrizen erstellt. Außerdem organisiert sowie leitet er Wirkprinzipprüfungen. Bei den Projekten handelt es sich um anspruchsvolle Gebäudekomplexe wie Stadien mit Mantelnutzungen, Einkaufszentren und Hochhäuser. Bei einigen dieser Objekte betreut er – teilweise seit einigen Jahren – die wiederkehrenden Wirkprinzipprüfungen.

Er ist Dozent an der Schweizerischen Technischen Fachschule in Winterthur und Mitglied im Richtlinienausschuss VDI 6010 Blatt 3.

Dipl.-Ing. (FH) Frank Lucka, MEng.

Geschäftsführer Sachverständigenbüro PVT mbH, Prenzlau

ö.b.u.v. Sachverständiger für Heizungstechnik

Prüfsachverständiger für sicherheitstechnische Gebäudeausrüstung

Geprüfter Sachverständiger für vorbeugenden Brandschutz (EIPOS/IHK-Bildungszentrum Dresden)

Nach einer Ausbildung zum Heizungsinstallateur und einer Tätigkeit in der Bauausführung und Lehrausbildung auf diesem Gebiet begann Frank Lucka einen 1. Studiengang der Versorgungstechnik in Erfurt mit Spezialisierung auf dem Gebiet der Heizungs-, Lüftungs- und Entrauchungstechnik. Im 2. Studiengang erfolgte die Spezialisierung auf dem Gebiet der Gebäudeautomation. Seit Beginn der Tätigkeit als Ingenieur ist er als Dozent in verschiedenen Aus- und Weiterbildungen für Ingenieure, Techniker, Feuerwehren und Behörden aktiv. Parallel zur Tätigkeit als Fachplaner begann er als Sachverständiger zu arbeiten, seit 2006 ist er ausschließlich als Sachverständiger für Gerichte, private und öffentliche Auftraggeber sowie als Prüfsachverständiger tätig. Frank Lucka ist bauaufsichtlich anerkannter Prüfsachverständiger auf allen Fachgebieten der prüfpflichtigen Anlagen. Parallel zu seiner beruflichen Tätigkeit qualifizierte er sich berufsbegleitend als Fachplaner für baulichen und anlagentechnischen Brandschutz sowie als geprüfter Sachverständiger für Brandschutz. Der Ausbildungsweg wurde in einem postgradualen Studium zum Master of Engineering für vorbeugenden Brandschutz wissenschaftlich ergänzt. Ehrenamtlich ist Frank Lucka aktiv als stellvertretender Fachgruppenvorsitzender Technische Ausrüstung im VBI, Vorsitzender der Fachsektion Brandschutz bei der Brandenburgischen Ingenieurkammer (BBIK) und Mitglied im Prüfungsausschuss der BBIK zur Prüfung von Prüfsachverständigen im Rahmen ihres Anerkennungsverfahrens. Er ist Mitglied in den Richtlinienausschüssen VDI 6010 Blatt 3 und Blatt 1 sowie in der Vereinigung zur Förderung des Brandschutzes (vfdb).

Vorwort

Moderne bauliche Anlagen sind einerseits durch ihre Nutzungsmischung und Größe sowie andererseits durch die Ausstattung mit technischen Anlagen geprägt. Als Beispiele seien an dieser Stelle multifunktionale Einkaufszentren, Freizeitanlagen und Krankenhäuser genannt. In multifunktionalen Einkaufszentren und Freizeitanlagen sind neben den eigentlichen Verkaufsräumen Versammlungsräume, Bürobereiche, Tiefgaragen und in einigen Fällen Wohnungen angeordnet. In Krankenhäusern sind es Gebäudebereiche wie Behandlungsräume, Büros, Patientenzimmer und OP-Einheiten. Diese Nutzungseinheiten sind baulich und zunehmend anlagentechnisch miteinander verknüpft.

Die VDI 6010 Blatt 3 bietet ein Handwerkszeug für die Gebäudeeigentümer und Betreiber sowie deren Beauftragte, die Funktion aller in einem Gebäude vorhandenen Anlagen in ihrem Zusammenspiel in verschiedenen Betriebszuständen/Szenarien zu testen.

Die Richtlinie stellt in Vorbereitung der notwendigen Funktionstests die Handlungsanweisungen allen Baubeteiligten zur Verfügung, um die ohnehin erforderlichen Vorgabedokumente in Form von Genehmigungs- und Bestandsdokumentationen rechtzeitig und vollständig zusammenstellen zu können.

Die Durchführung von Wirkprinzipprüfungen ist bauordnungsrechtlich vorgeschrieben, der Ablauf der Prüfungen ist bisher nicht einheitlich geregelt. Die VDI 6010 Blatt 3 bietet hierfür standardisierte Prozessabläufe sowohl für erfahrene und qualifizierte Anwender als auch Unterstützung für erstmalige oder seltene Benutzung durch unerfahrene Anwender. Durch die Standardisierung dieser Prozesse wird die Vollständigkeit der notwendigen Handlungen sichergestellt. Nicht erforderliche Mehrfachprüfungen durch verschiedene Beteiligte, wie sie in den letzten Jahren häufig zu verzeichnen waren, werden dadurch vermieden.

Da aber nicht nur bauordnungsrechtliche Sicherheitsfunktionen, sondern auch normale Nutzungsfunktionen (Abbildung 1) zu den Gesamtfunktionen des Gebäudes gehören, beschreibt die Richtlinie VDI 6010 Blatt 3 den Ablauf eines Vollprobetests, der aus der bauordnungsrechtlich geforderten Wirkprinzipprüfung, nutzungsspezifischen weiteren Prüfungen und der Schwarzschaltung des Gebäudes bei den vorgenannten Prüfungen besteht.

Der Kommentar zur Richtlinie VDI 6010 Blatt 3 erläutert vertiefend und an praktischen Beispielen die Anwendung der Richtlinie im Lebenszyklus des Gebäudes.

An dieser Stelle sei allen Mitgliedern des Richtlinienausschusses VDI 6010 Blatt 3 sowie dem VDI für die Mitwirkung bei der Erstellung der Richtlinie gedankt.

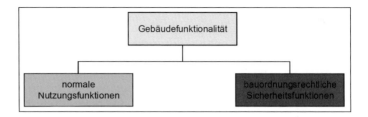

Abbildung 1: Gebäudefunktionen

Inhalt

Hinweise zum Lesen der Kommentierung

Die Originaltexte der Richtlinie VDI 6010 Blatt 3 sind in Grau den jeweiligen Kommentierungen vorangestellt. Hinweise der Autoren sind in normaler Schrift des Buchs dargestellt und stehen hinter den grauen Originaltexten. Je nach Länge des Kapitels werden die Originaltexte in sinnvolle Abschnitte unterteilt und mit Kommentierungen versehen. Im Anschluss folgt der nächste Abschnitt des Kapitels inklusive Kommentierung.

Die Reihenfolge der Absätze der Kapitel dieses Kommentars stimmt mit der Reihenfolge der Kapitel der Richtlinie VDI 6010 Blatt 3 überein.

Beispiel eines grau hinterlegten Originaltexts aus der Richtlinie (siehe Kapitel 5.1):

5.1 Einleitung

Der Vollprobetest besteht aus mehreren Arbeitsschritten (siehe Bild 3), die nacheinander vollständig abgearbeitet werden müssen. Das Ergebnis ist eine dokumentierte Prüfung des Gesamtsystems.

Beispiel der zugehörigen Kommentierung:

„Die Arbeitsschritte eines Vollprobetests haben das Ziel, diesen vorzubereiten, durchzuführen und zu dokumentieren. Die Schritte im Vollprobetest werden mit allen Beteiligten abgestimmt und ... über den Vollprobetest."

Grundlagen zur Anwendung der VDI 6010 Blatt 3 im Bauordnungsrecht

Für die Anwendung der VDI 6010 Blatt 3 für bauordnungsrechtlich veranlasste Wirkprinzipprüfungen sind Kenntnisse der Rechtsgrundlagen des deutschen Bauordnungsrechts unabdingbar. An der Vorbereitung, der Organisation und der Durchführung von Wirkprinzipprüfungen sind jedoch nicht nur Prüfsachverständige beteiligt, sondern viele andere Personen.

Die VDI 6010 Blatt 3 und dieser Kommentar richten sich an alle beteiligten Personen. Hier sind zum einen der Bauherr und der Betreiber, der Entwurfsverfasser und die Fachplaner, die Prüfingenieure für Brandschutz und Brandschutznachweis-/Brandschutzkonzepteersteller, die Prüfsachverständigen, die Bauleiter und Bauüberwacher, die Errichter der Anlagen, die Beauftragten für Instandhaltung und Wartung und zum anderen die Vertreter der Baubehörden und Brandschutzdienststellen zu nennen. Da sie mit der Durchführung von Wirkprinzipprüfungen konfrontiert werden, sind grundlegende Kenntnisse der bauordnungsrechtlichen Zusammenhänge für die Prüfung sicherheitstechnischer Anlagen und die Stellung der Wirkprinzipprüfung im bauordnungsrechtlichen Verfahren wichtig.

Die VDI 6010 Blatt 3 ist keine eingeführte Technische Baubestimmung, standardisiert aber den Ablauf der bauordnungsrechtlich geforderten Wirkprinzipprüfungen. Die Prüfverordnungen und die Prüfgrundsätze machen derzeit keine Vorgabe, wie eine Wirkprinzipprüfung durchzuführen ist.

Muster-Prüfverordnung und Prüfverordnungen der Länder

Die bauordnungsrechtlichen Regelungen zu den Vorschriften über Prüfungen an sicherheitstechnischen Anlagen beruhen auf der Musterbauordnung (MBO). Nach den Regelungen zu den allgemeinen Anforderungen in § 3 (1) MBO sind

„Anlagen so anzuordnen, zu errichten, zu ändern und instand zu halten, dass die öffentliche Sicherheit und Ordnung, insbesondere Leben, Gesundheit und die natürlichen Lebensgrundlagen, nicht gefährdet werden."

Die Muster-Prüfverordnung (MPrüfVO) ist gleichfalls auf der Grundlage der Musterbauordnung (MBO) erlassen worden. In den Regelungen zu den Rechtsvorschriften in § 85 MBO wird die oberste Bauaufsichtsbehörde ermächtigt, zur Erfüllung der allgemeinen Anforderungen nach

§ 3 MBO bestimmte Rechtsvorschriften zu erlassen. Der Absatz 5 des § 85 MBO regelt, dass Vorschriften über

> „Erst-, Wiederholungs- und Nachprüfung von Anlagen, die zur Verhütung erheblicher Gefahren oder Nachteile ständig ordnungsgemäß unterhalten werden müssen, und die Erstreckung dieser Nachprüfungspflicht auf bestehende Anlagen"

erlassen werden können. Auf dieser Grundlage wurde die Muster-Prüfverordnung (MPrüfVO) geschaffen.

Für die nach Muster-Prüfverordnung (MPrüfVO) durchzuführenden bauordnungsrechtlichen Prüfungen von sicherheitstechnischen Anlagen, z. B. Wirkprinzipprüfungen, sind ausschließlich Prüfsachverständige berechtigt,

> „die im Auftrag des Bauherrn oder des sonstigen nach Bauordnungsrecht Verantwortlichen die Einhaltung bauordnungsrechtlicher Anforderungen prüfen und bescheinigen."

Die Regelungen zu den Prüfsachverständigen beruhen gleichfalls auf der **Muster-Verordnung über die Prüfingenieure und Prüfsachverständigen nach § 85 Abs. 2 MBO (M-PPVO).** Darauf wird aber im Rahmen dieses Kommentars nicht weiter eingegangen.

Die rechtlichen Grundlagen für bauordnungsrechtliche Prüfungen von sicherheitstechnischen Anlagen sind die Prüfverordnungen der Länder. Stellvertretend für die Prüfverordnungen der Länder wird in der VDI 6010 Blatt 3 und in dem hier vorliegenden Kommentar auf die **Muster-Verordnung über Prüfungen von technischen Anlagen nach Bauordnungsrecht, MPrüfVO (Muster-Prüfverordnung)**, mit Stand März 2011, Bezug genommen.

Die Prüfverordnungen einzelner Länder unterscheiden sich dabei mitunter erheblich. Nach den Prüfverordnungen der Länder sind in unterschiedlicher Ausprägung folgende Merkmale mit den Prüfungen der technischen Anlagen festzustellen:

- die ordnungsgemäße Beschaffenheit,
- die Wirksamkeit,
- die Betriebssicherheit.

Aufgrund des jeweils unterschiedlichen Bauordnungsrechts der Länder sind gegenwärtig in einigen Bundesländern nur die Wirksamkeit und Betriebssicherheit (**ohne die Beschaffenheit**) oder sogar nur die ordnungsgemäße Beschaffenheit und Betriebssicherheit (**ohne die Wirksamkeit**) zu prüfen. Eine Vereinheitlichung wäre hier wünschenswert, ist aber schon wegen der voneinander abweichenden Landesgesetze und der an den Ländergrenzen wechselnden Zuständigkeit der Ministerien und Obersten Bauaufsichten der Länder auch in Zukunft nicht zu erwarten.

Für länderübergreifend wirkende Betreibergesellschaften mit zentraler Verwaltung, z. B. Baumärkte, Krankenhäuser, Verkaufsstätten, Kinos, stellt dieser Umstand eine besondere Schwierigkeit dar. Eine gute Kenntnis der sich auch noch ständig ändernden länderspezifischen Vorschriften ist unabdingbar. So gelten für jedes Bundesland andere Vorschriften für die Durchführung bauordnungsrechtlicher Prüfungen von sicherheitstechnischen Anlagen.

Was in dem einen Bundesland vorschriftsmäßig ist, führt in einem anderen Bundesland möglicherweise zu Abweichungen in der Anwendung der Prüfgrundlagen und zu Missverständnissen bei der Interpretation der Prüfergebnisse. So kann es vorkommen, dass das, was in dem einen Bundesland an einer sicherheitstechnischen Anlage festgestellt ist, in dem anderen Bundesland noch nicht einmal geprüft wurde und beide Prüfungen konform mit den jeweiligen Prüfgrundlagen sind.

Nachfolgend werden die weiteren Betrachtungen daher am Beispiel der Muster-Prüfverordnung dargestellt, obwohl diese in keinem Bundesland verbindlich ist, da dort landesspezifische Prüfverordnungen gelten.

Nach § 2 Abs. 1 der Muster-Prüfverordnung sind mit den Prüfungen an den technischen Anlagen folgende Merkmale festzustellen:

- die Wirksamkeit,

- die Betriebssicherheit,

- das bestimmungsgemäße Zusammenwirken von Anlagen (Wirkprinzipprüfung).

In den Prüfverordnungen der Länder ist im Einzelnen genau festgelegt, in welchen Gebäudearten bestimmte technische Anlagen zu prüfen sind. Nach der Muster-Prüfverordnung sind die folgenden technischen Anlagen durch Prüfsachverständige zu prüfen:

1. Lüftungsanlagen, ausgenommen solche, die einzelne Räume im selben Geschoss unmittelbar ins Freie be- oder entlüften,

2. CO-Warnanlagen,

3. Rauchabzugsanlagen,

4. Druckbelüftungsanlagen,

5. Feuerlöschanlagen, ausgenommen nicht selbstständige Feuerlöschanlagen mit trockenen Steigleitungen ohne Druckerhöhungsanlagen,

6. Brandmelde- und Alarmierungsanlagen,

7. Sicherheitsstromversorgungen.

Die Prüfungen sind vor der ersten Aufnahme der Nutzung der baulichen Anlagen (Erstprüfung, Prüfung vor der ersten Inbetriebnahme), unverzüglich nach einer technischen Änderung der baulichen Anlagen sowie unverzüglich nach einer wesentlichen Änderung der technischen Anlagen sowie jeweils innerhalb einer Frist von drei Jahren als wiederkehrende Prüfungen durchführen zu lassen.

Mit der Muster-Prüfverordnung von März 2011 ist somit die rechtliche Grundlage für die Durchführung von Wirkprinzipprüfungen, die Prüfung des bestimmungsgemäßen Zusammenwirkens von verschiedenen sicherheitstechnischen Anlagen, beispielhaft vorgegeben. Dass die Wechselwirkungen und Verknüpfungen mit anderen Anlagen zu prüfen sind, war zwar schon spätestens aus den Prüfgrundsätzen mit Stand vom 26.11.2010 ersichtlich, doch der rechtliche Rahmen war noch nicht definiert. Mit Aufnahme der Wirkprinzipprüfung in den einzelnen Prüfverordnungen der Bundesländer, in Analogie zur Muster-Prüfverordnung, wird hier zukünftig Klarheit und Rechtssicherheit geschaffen werden.

Prüfgrundsätze für Prüfsachverständige im Bauordnungsrecht

Eine weitere Grundlage für die Durchführung bauordnungsrechtlicher Prüfungen sicherheitstechnischer Anlagen sind die Prüfgrundsätze für bauaufsichtlich anerkannte Prüfsachverständige für technische Anlagen.

Zu den Prüfgrundsätzen findet sich jedoch keine Regelung in der Musterbauordnung (MBO). Auch in den für die Prüfungen zugrunde liegenden Rechtsverordnungen nach § 85 MBO wie der Muster-Prüfverordnung (MPrüfVO) und der Muster-Verordnung über die Prüfingenieure und Prüfsachverständige (M-PPVO) finden sich keine Verweise auf die Prüfgrundsätze. Diese Prüfgrundsätze kommen jedoch über die Benennung in Länderverordnungen für die Prüfsachverständigen zur Anwendung.

In einzelnen Bundesländern sind unterschiedliche Stände und Versionen der Prüfgrundsätze als Leitsätze bekannt gemacht oder sogar verbindlich vorgegeben. Bei den Muster-Prüfgrundsätzen der ARGEBAU sind zwei Versionen bekannt. Hierbei handelt es sich um die Fassung aus Dezember 2001 und um die Fassung mit Redaktionsstand 21.04.2011.

Stellvertretend für die unterschiedlichen Versionen der Prüfgrundsätze in den einzelnen Bundesländern werden für die weiteren Betrachtungen die **Grundsätze für die Prüfung technischer Anlagen entsprechend der Muster-Prüfverordnung durch bauaufsichtlich anerkannte Prüfsachverständige (Muster-Prüfgrundsätze)**, mit Stand 26.11.2010 (Red.-stand 21.04.2011), des Arbeitskreises Technische Gebäudeausrüstung in der Fachkommission Bauaufsicht herangezogen.

In diesen Prüfgrundsätzen ist festgelegt, welche Prüfschritte anlagenbezogen im Einzelnen, nach Art und Umfang, an den sicherheitstechnischen Anlagen durch Prüfsachverständige bei einer Prüfung durchzuführen sind. So wird in Abschnitt 1 der Muster-Prüfgrundsätze auch die Zielstellung der durchzuführenden Prüfungen klar definiert:

„Ziel der Prüfungen ist es, die Wirksamkeit und Betriebssicherheit der Anlage festzustellen. Bei der Prüfung sind die einschlägigen Vorschriften und Bestimmungen zu beachten. Die allgemein anerkannten Regeln der Technik sind zu berücksichtigen."

Mit einem Verweis in den Muster-Prüfgrundsätzen auf Abschnitt 5 Prüfungen ist die Verantwortung des Prüfsachverständigen, dass die an den einzelnen Anlagen durchgeführten Prüfungen nach Art und Umfang notwendig und hinreichend sind, unmissverständlich dargelegt. Dieses gilt folgerichtig auch für den in Abschnitt 5 zu jeder Anlagenart geregelten Prüfschritt *„Prüfung der Wechselwirkungen und Verknüpfungen mit anderen Anlagen".* Dieser Prüfschritt stellt die sogenannte Wirkprinzipprüfung nach MPrüfVO dar. Im Rahmen dieses Prüfschritts sind die Funktionsfähigkeit der betrachteten Anlage im Hinblick auf die Übereinstimmung mit dem sicherheitstechnischen Steuerungskonzept (sSk) der Anlagen und die Eignung der eingesetzten Systeme und Peripheriegeräte festzustellen.

Die Prüfung der Wechselwirkungen und Verknüpfungen mit anderen Anlagen gilt, ausgenommen von CO-Warnanlagen, für alle Anlagenarten. Nachfolgend sei auf die Prüfinhalte für eine Wirkprinzipprüfung entsprechend dem Abschnitt 5 der Muster-Prüfgrundsätze für die einzelnen Anlagenarten hingewiesen.

Auszug aus den Muster-Prüfgrundsätzen

5.1 Lüftungsanlagen

5.1.9 Wechselwirkungen und Verknüpfungen mit anderen Anlagen

- Funktionsfähigkeit der Lüftungsanlage im Hinblick auf die Übereinstimmung mit dem sicherheitstechnischen Steuerungskonzept der Anlagen,
- Eignung der eingesetzten Systeme und Peripheriegeräte

5.3 Rauchabzugsanlagen und Druckbelüftungsanlagen

5.3.9 Wechselwirkungen und Verknüpfungen mit anderen Anlagen

- Funktionsfähigkeit der Rauch- und Wärmeabzugsanlage im Hinblick auf die Übereinstimmung mit dem sicherheitstechnischen Steuerungskonzept der Anlagen,
- Eignung der eingesetzten Systeme und Peripheriegeräte

5.4 Feuerlöschanlagen

5.4.4 Wechselwirkungen und Verknüpfungen mit anderen Anlagen

- Funktionsfähigkeit der Feuerlöschanlage im Hinblick auf die Übereinstimmung mit dem sicherheitstechnischen Steuerungskonzept der Anlagen,
- Eignung der eingesetzten Systeme und Peripheriegeräte

5.5 Sicherheitsstromversorgung

5.5.2 Wechselwirkungen und Verknüpfungen mit anderen Anlagen

- Funktionsfähigkeit der Sicherheitsstromversorgungsanlage im Hinblick auf die Übereinstimmung mit dem sicherheitstechnischen Steuerungskonzept der Anlagen,
- Auswahl der eingesetzten Systeme und Peripheriegeräte,
- sicherer Zustand der verknüpften Anlagen bei Ausfall der Gebäudeleittechnik,
- Vor-Ort-Steuerung, Leitrechner und Energieversorgung unter Berücksichtigung
  - der störspannungsarmen Installation der Übertragungswege,
  - der sicherheitsrelevanten Teile der Gebäudeleittechnik und der Signalwege,
  - der Fehlersimulation

5.6 Brandmeldeanlagen und Alarmierungsanlagen

5.6.1 Wechselwirkungen und Verknüpfungen mit anderen Anlagen

- Funktionsfähigkeit der Brandmeldeanlage und Alarmierungsanlage im Hinblick auf die Übereinstimmung mit dem sicherheitstechnischen Steuerungskonzept der Anlagen,
- Auswahl der eingesetzten Systeme und Peripheriegeräte,
- sicherer Zustand der verknüpften Anlagen bei Ausfall der Gebäudeleittechnik,
- Vor-Ort-Steuerung, Leitrechner und Energieversorgung unter Berücksichtigung
  - der störspannungsarmen Installation der Übertragungswege,
  - der sicherheitsrelevanten Teile der Gebäudeleittechnik und der Signalwege,
  - der Fehlersimulation

5.6.2 Brandmeldeanlagen (BMA)

- Übereinstimmung der technischen Ausführung mit den Anforderungen

  • an das Zusammenwirken der weiteren notwendigen Brandschutzeinrichtungen mit der BMA und Feststellung der Rückwirkungsfreiheit der Verknüpfungen

- Brandmeldezentrale (BMZ)

  • Brandfallsteuerungen, ggf. sicherheitsrelevante Verknüpfungen mit der Gebäudeleittechnik (z. B. Ansteuerung von Rauchabzugsanlagen oder Aufzügen)

Entsprechend der Verbindlichkeit der Muster-Prüfgrundsätze (Fassung Redaktionsstand 21.04.2011) in den einzelnen Bundesländern können die vorgenannten Prüfinhalte Bestandteile einer bauordnungsrechtlichen Erstprüfung, einer Wiederkehrenden Prüfung oder einer Prüfung nach wesentlicher Änderung sein. Damit sind auch die wesentlichen Prüfinhalte einer Wirkprinzipprüfung, die Prüfung der Wechselwirkungen und Verknüpfungen mit anderen Anlagen, über die Prüfgrundsätze je nach Landesrecht verbindlich oder nur empfohlen, ein wichtiger Bestandteil der Prüfungen sicherheitstechnischer Anlagen. Sind die Prüfgrundsätze nach Landesrecht verbindlich, kommt es auf die Begriffsdefinition der Wirkprinzipprüfung in der Prüfverordnung nicht mehr an, da sie dann zum Standard-Prüfprozedere gehört.

Kommentar zur Richtlinie

Anwendungsbereich 1

1 Anwendungsbereich

Die Richtlinienreihe VDI 6010 gilt für sicherheitstechnische Einrichtungen in Gebäuden. Diese Richtlinie gibt Hinweise zur Organisation, Durchführung und Dokumentation von Vollprobetests in Gebäuden.

Die Richtlinie ermöglicht die Standardisierung von Prüfungen, die u. a. dem Nachweis der öffentlich-rechtlich geforderten Funktionen bei Erstprüfungen, wiederkehrenden Prüfungen und Prüfungen nach wesentlichen Änderungen, im Sinne der Wirkprinzipprüfung nach Muster-Prüfverordnung (MPrüfVO) dienen. Sie kann auch zur Prüfung der Erfüllung von privatrechtlichen Vereinbarungen z. B. über Verfügbarkeiten angewendet werden.

Der in dieser Richtlinie dargestellte Ablauf und die darin vorgestellten Hilfsmittel dienen der Unterstützung von Vollprobetests.

Um die im Gebäude notwendigen bauordnungsrechtlichen und nutzungsspezifischen Funktionen standardisiert nachzuweisen, gibt die VDI 6010 Blatt 3 einen standardisierten Ablauf von systemübergreifenden Prüfungen vor.

Dabei regelt die VDI 6010 Blatt 3 aber nicht die auf ein jeweiliges Gewerk bezogenen Einzelprüfungen der Teilsysteme der sicherheitstechnischen Anlagen nach den Prüfverordnungen der Länder oder die werkvertraglichen Abnahmeprüfungen von einzelnen Anlagen und Einrichtungen in den jeweiligen Gewerken.

Die Einzelprüfungen von sicherheitstechnischen Anlagen und anderen technischen Anlagen und Einrichtungen finden bei den Tests für das jeweilige Gewerk statt. Wie diese Einzelprüfungen durchzuführen sind, ist für die sicherheitstechnischen Anlagen in den Muster-Prüfgrundsätzen und für die anderen technischen Anlagen und Einrichtungen in den jeweiligen zutreffenden Normen und Richtlinien und z. B. in der Vergabe- und Vertragsordnung für Bauleistungen (VOB Teil C) beschrieben.

Die VDI 6010 Blatt 3 soll angewendet werden, wenn ein Funktionsnachweis für miteinander verknüpfte unterschiedliche Teilsysteme, Anlagen und Einrichtungen mit ihren Schnittstellen erforderlich ist.

Die Richtlinie gibt Hinweise und Empfehlungen für die Durchführung von systemübergreifenden Funktionstests mehrerer, durch eine Steuerung verknüpfter, sicherheitstechnischer Anlagen oder anderer technischer Anlagen und Einrichtungen unterschiedlicher Gewerke. Der in der Richtlinie dargestellte Ablauf und die darin vorgestellten Hilfsmittel dienen damit der Unterstützung von Vollprobetests und Wirkprinzipprüfungen. Hierbei kommt es auf das Zusammenspiel der den verschiedenen Teilsystemen und Anlagen zugedachten Funktionen an, die bei einem bestimmten auslösenden Ereignis ablaufen müssen.

Dieser gesamtheitliche Funktionstest für das Zusammenspiel der unterschiedlichen Teilsysteme, Anlagen und Einrichtungen wird als Vollprobetest bezeichnet.

Die Wirkprinzipprüfung als Teil des Vollprobetests ist der Funktionstest für das Zusammenspiel der sicherheitstechnischen Anlagen, entsprechend der Muster-Prüfverordnung (MPrüfVO), zum Nachweis der Erfüllung der mit den bauordnungsrechtlichen Anforderungen und Schutzzielen vorgegebenen Abhängigkeiten und Funktionen.

Zudem können weitere wichtige systemübergreifende nutzungsspezifische Funktionen anderer technischer Anlagen und Einrichtungen durch den Betreiber oder Nutzer vorgegeben und im Rahmen von zusätzlichen Prüfungen nachgewiesen werden.

Mit der VDI 6010 Blatt 3 wird kein neues Prüfgebiet geschaffen. Wirkprinzipprüfungen und Vollprobetests sind unter anderen Bezeichnungen wie Komplexprüfung, Wirk- und Komplextest, integraler Gebäudetest, Fahren im Verbund u. a. in der Baupraxis lange bekannt. Durch die in den letzten Jahren stark zunehmende Komplexität der technischen Anlagen und der systemübergreifenden Vernetzung geraten diese Tests jedoch zunehmend und stärker in den Fokus.

Die Richtlinie soll den Fachleuten ein Hilfsmittel an die Hand geben, das es ermöglicht, die Vorgaben aus dem Bauordnungsrecht oder aus werkvertraglichen Verpflichtungen in die Praxis von Prüf- und Abnahmehandlungen umzusetzen und die Bedingungen dieser Anforderungen und der Prüfungen für den späteren Betrieb dokumentiert nachzuhalten.

Im Bauordnungsrecht ist mit der Muster-Prüfverordnung (MPrüfVO) die Überprüfung des bestimmungsgemäßen Zusammenwirkens von Anlagen gefordert, was in der praktischen Umsetzung durch getrennte Prüfhandlungen in einzelnen Gewerken nicht möglich ist. Für die Erfüllung dieser Forderung ist eine gewerkeübergreifende Betrachtung der sicherheitstechnischen Funktionen hinsichtlich der Wechselwirkungen und Verknüpfungen der Anlagen untereinander erforderlich. Entsprechende Vorgaben sind auch in den Muster-Prüfgrundsätzen zu finden.

In der Praxis zeigt sich, dass eine Abgrenzung zwischen den Einzelprüfungen in den jeweiligen Gewerken und Anlagenarten zu der gewerke-

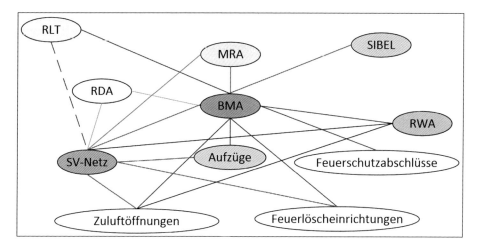

Abbildung 2: Beispielhafte Vernetzung technischer Anlagen

übergreifenden Betrachtung genau an den Schnittstellen zwischen den Gewerken und Anlagen vollzogen werden kann.

Da die Prüfschritte der anlagenbezogenen Einzelprüfungen bereits in Normen und bauordnungsrechtlichen Vorgaben geregelt sind (z. B. für sicherheitstechnische Anlagen nach Bauordnungsrecht sind diese in den Muster-Prüfgrundsätzen vorgegeben), werden mit der VDI 6010 Blatt 3 die Prüfschritte für Vollprobetests und Wirkprinzipprüfungen über die Schnittstellen der Einzelsysteme hinaus standardisiert, um die anlagenübergreifende Vernetzung prüfen zu können.

So kann beispielsweise die Fremdansteuerung einer Anlage schon vor der endgültigen Fertigstellung des Gesamtsystems und der zugrunde liegenden Steuerung durch Simulation eines auslösenden Ereignisses an der jeweiligen Schnittstelle der Ansteuerung vorgeprüft werden. Beim Vollprobetest bzw. bei der Wirkprinzipprüfung wird dann stellvertretend für das Szenario an einer bestimmten Quelle, z. B. an einem Brandmelder, eine Auslösung bewirkt und das Verhalten der Steuerung und die korrekte Funktion der angesteuerten Anlagen und Einrichtungen (Senke) in einem 1:1-Funktionstest überprüft.

Wirkprinzipprüfungen sind eine Voraussetzung, um den Nachweis der zugedachten Funktionen sicherheitstechnischer Anlagen bei anlagenübergreifender Vernetzung (Abbildung 2) führen zu können. Die Inhalte einer Wirkprinzipprüfung sind in den Muster-Prüfgrundsätzen beschrieben. Der Wunsch des Bauherrn, komplexe Gebäude zu bauen, erfordert Anlagentechnik. Die damit einhergehende stärkere Vernetzung der technischen Anlagen und steigende technische Anforderungen bewirken, dass die Prüfhandlungen aufwendiger werden und der Zeitbedarf für die Prüfungen zunimmt.

Die Prüfungen nutzungsspezifischer, anlagenübergreifender Funktionen im Rahmen zusätzlicher Prüfungen bei Vollprobetests müssen durch den Bauherrn vertraglich vereinbart werden.

Beispiele für systemübergreifende Funktionstests:

– Ansteuerung einer Rauchschutzdruckanlage durch die Brandfallsteuerung einer Brandmeldeanlage

– Ansteuerung einer Rauchabzugsanlage und gleichzeitige Ansteuerung von Einrichtungen für den Sonnenschutz, von Türen zur Luftnachströmung und Abschaltung von bestimmten Lüftungsanlagen durch eine Brandmeldeanlage

– Abgesicherter Betrieb der Umluftanlage einer Lüftungsdecke im Operationssaal über die Sicherheitsstromversorgung bei Ausfall der allgemeinen Energieversorgung oder bei Ausfall der zentralen Lüftung und Ansteuerung der Warneinrichtungen für das OP-Personal und des technischen Notdiensts über die Gebäudeautomation

– Ansteuerung der Klimatisierung von Räumen durch ein Präsenzsystem

Jüngste Beispiele von Großprojekten belegen, dass der systemübergreifenden Vernetzung von technischen Anlagen Grenzen der noch durch den Menschen beherrschbaren Anlagentechnik gesetzt sind. Können schon die Inbetriebnahmeprüfungen nur noch mit einem immensen Aufwand an Personal und mit reichlicher Verzögerung zum Erfolg geführt werden, so stellt sich die Frage, wie es um die Erhaltung dieser Anlagen im laufenden Betrieb und insbesondere bei späteren Änderungen steht, wenn die Fachleute zur nächsten Baustelle abgezogen sind.

An dieser Stelle treten die Autoren dafür ein, die systemübergreifende Vernetzung der Anlagentechnik nicht auf die Spitze zu treiben, da es sich in der Praxis beim Betrieb der Anlagen oftmals zeigt, dass diese Komplexität später nicht mehr zu überblicken ist.

Normative Verweise 2

2 Normative Verweise

Die folgenden zitierten Dokumente sind für die Anwendung dieser Richtlinie erforderlich:

Muster-Verordnung über Prüfungen von technischen Anlagen nach Bauordnungsrecht; MPrüfVO (Muster-Prüfverordnung), beziehungsweise nach jeweiligem Landesrecht

Grundsätze für die Prüfung technischer Anlagen entsprechend der Muster-Prüfverordnung durch bauaufsichtlich anerkannte Prüfsachverständige (Muster-Prüfgrundsätze); Stand: 26.11.2010; beziehungsweise nach jeweiligem Landesrecht [1]

DIN 14674:2010-09 Brandmeldeanlagen; Anlagenübergreifende Vernetzung.

DIN 14675:2012-04 Brandmeldeanlagen; Aufbau und Betrieb.

VDI 3814 Blatt 3:2007-06 Gebäudeautomation (GA); Hinweise für das Gebäudemanagement; Planung, Betrieb und Instandhaltung.

VDI 3814 Blatt 6:2008-07 Gebäudeautomation (GA); Grafische Darstellung von Steuerungsaufgaben.

VDI 3819 Blatt 1:2012-05 Brandschutz in der Gebäudetechnik; Gesetze, Verordnungen, Technische Regeln

VDI 3819 Blatt 2:2004-01 Brandschutz in der Gebäudetechnik; Funktionen und Wechselwirkungen.

VDI 4700 Blatt 1:2013-10 Begriffe der Bau- und Gebäudetechnik

VDI 6010:2005-09 Sicherheitstechnische Einrichtungen; Systemübergreifende Funktionen.

VDI 6010 Blatt 2:2011-05 Sicherheitstechnische Einrichtungen; Ansteuerung von automatischen Brandschutzeinrichtungen.

VDI 6039:2011-06 Facility-Management; Inbetriebnahmemanagement für Gebäude, Methoden und Vorgehensweisen für gebäudetechnische Anlagen.

Darüber hinaus sind für die jeweils anzusteuernden Anlagen und Systeme die einschlägigen Regelwerke zu beachten, Hinweise dazu sind in VDI 3819 Blatt 1 enthalten.

Hervorzuheben aus diesem Abschnitt der VDI 6010 Blatt 3 ist vor allem der letzte Satz. Hier wird ausdrücklich darauf hingewiesen, dass die jeweils anzusteuernden Anlagen und Systeme auf der Basis von anlagenspezifischen Regelwerken errichtet werden. Diese Regelwerke können u. a. Anforderungen an Schnittstellen und das Zusammenwirken von

Anlagenkomponenten beinhalten. In der Praxis besteht eine sehr große Bandbreite anzusteuernder Anlagen, die es für den Vollprobetest nicht ermöglichen, eine vollständige Aufzählung aller normativen Verweise innerhalb der Richtlinie vorzunehmen.

Bereits in den Muster-Prüfgrundsätzen ist durch die ARGEBAU festgestellt worden, dass eine abschließende Nennung aller Prüfgrundlagen, die bei einer bauaufsichtlichen Prüfung beachtet werden müssen, redaktionell nicht leistbar ist.

Für viele in der Muster-Prüfverordnung genannten Anlagen, wie Rauchschutzdruck-, Rauchabzugs-, Feuerlösch-, Lüftungs-, Brandmelde- und Alarmierungsanlagen, gibt es Regelwerke, die auch Informationen enthalten, die sowohl für die Prüfungen der Einzelanlagen als auch deren Zusammenwirken mit anderen Anlagen erforderlich sind. Für die im Gebäude vorhandenen Anlagen, für die eine Wirkprinzipprüfung sowie weitere Prüfungen im Rahmen eines Vollprobetests durchgeführt werden, ist es notwendig, die erforderlichen normativen Verweise durch die zuständigen Projektbeteiligten zu erarbeiten und zu dokumentieren.

Wenn Anforderungen an technische Anlagen z. B. durch einen Gebäudeversicherer gestellt werden, müssen ggf. dessen Vorgaben als Prüfgrundlage mit herangezogen werden.

Aufgrund dieser vielfältigen Notwendigkeit zur Anwendung verschiedener Normen und Richtlinien muss gemäß VDI 6010 Blatt 3 innerhalb der Prüfdokumentation eine Auflistung der Beurteilungsmaßstäbe bei der Erstellung des Prüfberichts ausdrücklich erfolgen.

Begriffe 3

3 Begriffe

Für die Anwendung dieser Richtlinie gelten die Begriffe nach VDI 4700 Blatt 1, VDI 6010, VDI 6010 Blatt 2 und der Richtlinienreihe VDI 3819 sowie die folgenden Begriffe:

Auslösebereich

Örtlicher Bereich in einem Gebäude für ein definiertes Auslöseszenario.

Anmerkung 1: Dieser Bereich wird in Plänen visualisiert, sodass die Auslöseszenarien während des Vollprobetests schneller aufzufinden sind.

Anmerkung 2: Vgl. → Auslösemuster.

Auslösemuster

Zusammenfassung aller Steuerfunktionen, die von einer Prüfgruppe angesteuert werden.

Anmerkung: Vgl. → Auslösebereich.

Auslöseszenario

Auslösemuster mit einer zugehörigen Prüfgruppe.

Funktions- und Schnittstellenmatrix

Planungswerkzeug zur tabellarischen Darstellung der Funktionen und Wechselwirkungen von sicherheitstechnischen Anlagen und Einrichtungen aller Gewerke in einem Gebäude.

Anmerkung 1: Die Funktionsmatrix und die Schnittstellenmatrix werden in VDI 6010 Blatt 1 getrennt dargestellt. Der Prüfplan nach dieser Richtlinie basiert im Wesentlichen auf der zusammengefassten Funktions- und Schnittstellenmatrix.

Anmerkung 2: Eine Brandfallsteuermatrix kann aus der Funktions- und Schnittstellenmatrix erstellt werden.

Anmerkung 3: Es können Einrichtungen und Bauteile ohne brandschutztechnische Anforderungen in die Funktions- und Schnittstellenmatrix zusätzlich integriert werden.

Prüfanleitung

Beschreibung, wie ein Vollprobetest durchzuführen ist, mit Nennung aller Dokumente zur Vorbereitung und Durchführung eines Vollprobetests.

Prüfbedingung

Rahmenbedingung für ein Prüfszenario.

Prüfgruppe

Zusammenfassung von Quellen (Meldern, Meldegruppen, Sensoren), die das gleiche Auslösemuster ansteuern.

Anmerkung: Die Erstellung von Prüfgruppen und Auslösemustern ist eine wesentliche Planungsleistung.

Prüfplan

Einzelbeschreibung von Szenarien innerhalb eines Gesamtsystems zur Durchführung und Dokumentation des Vollprobetests.

Anmerkung: Der Prüfplan ist Teil der Prüfanleitung nach Anhang A.

Prüfszenario

Ausgewählte Quelle mit entsprechendem Auslösemuster und gegebenenfalls zusätzlichen Rahmenbedingungen.

Beispiel: Auslösung bei Schwarzschaltung.

Quelle

Bauteil oder Gruppe von Bauteilen, über die ein Ereignis erfasst wird.

Anmerkung: Quellen können z. B. Sensoren, Melder, Meldegruppen usw. sein.

Schwarzschaltung
black building procedure

Prüfbedingung der Wirkprinzipprüfung oder der zusätzlichen Prüfungen, die nach vollständiger Trennung des Objekts von der allgemeinen Netzversorgung und nach deren Wiedereinschaltung hergestellt wird.

Anmerkung: Dabei wird z. B. die Gesamtfunktion der Systeme bei „Übernahme der Energieversorgung durch eine Stromversorgung für sicherheitstechnische Einrichtungen" geprüft.

Senke

Bauteil oder Bauteile, die durch ein Ereignis in einen definierten Betriebszustand versetzt werden.

Beispiel: Einschalten von Entrauchungsanlagen, Abschalten von Lüftungsanlagen, Einschalten von Signalleuchten, Absetzen von Notrufsignalen, Brandfallsteuerung von Aufzügen

Sicherheitstechnische Anlage

Eine Anlage, die eine Schutzwirkung ergibt, oder die in der Muster-Prüfverordnung oder in den Prüfverordnungen der Länder aufgeführte und durch Prüfsachverständige prüfpflichtige technische Anlage.

Sicherheitstechnische Einrichtung

Technische Einrichtung, die für sich eine Schutzwirkung ergibt, oder Bestandteil einer sicherheitstechnischen Anlage ist.

Vollprobetest

integrated system test

Gewerkeübergreifender Funktionsnachweis für sicherheitsrelevante Anlagen oder Anlagen mit hohem Verfügbarkeitsanspruch und Anlagen mit benutzerspezifischen Anforderungen, der aus Wirkprinzipprüfung, Schwarzschaltung und zusätzlichen Prüfungen bestehen kann.

Anmerkung: [in Anlehnung an VDI 3814 Blatt 3 und VDI 6010 Blatt 2].

Vorgabedokument

Dokument, aus dem die Anforderungen an das Gesamtsystem und deren gefordertes Zusammenwirken eindeutig hervorgeht.

Anmerkung: Vorgabedokumente können z. B. aus bauordnungsrechtlichen sowie versicherungsrechtlichen Auflagen, Festlegungen des Betreibers und/oder Anforderungen sonstiger zuständiger Stellen bestehen. Zum Vollprobetest müssen die Prüfergebnisse der Teilsysteme bereits vorliegen.

Wirkprinzipprüfung

system interaction test

Prüfung auf Wirksamkeit und Betriebssicherheit sicherheitsrelevanter Anlagen zur Erfüllung der geforderten Schutzziele aus den bauordnungsrechtlichen Forderungen unter besonderer Berücksichtigung aller hiermit in Abhängigkeit stehenden technischen Gewerke.

Aufgrund der Änderungen des Bauordnungsrechts als auch der technischen Regeln innerhalb der letzten Jahre ist es erforderlich, die Anwendung von bestehenden Begriffen zu ordnen. In vielen Projekten werden unterschiedliche Begriffe für gleiche Sachverhalte verwendet. Gleichzeitig werden von Projektbeteiligten Begriffe anders interpretiert, als der Verwendende dies vorausgesetzt hat. Daher wurde im Zuge der Bearbeitung der VDI 6010 Blatt 3 im Rahmen der Begriffsdefinitionen eine Vereinheitlichung angestrebt.

Es ist jedoch nicht möglich, im Rahmen der Richtlinie bauordnungsrechtliche Begriffe normativ zu regeln, die sich im Verantwortungsbereich der jeweils zuständigen gesetzgebenden Stelle befinden. Weiterhin können vertragsrechtliche Vereinbarungen und vielschichtige Herstellervorschriften, die beispielsweise Instandhaltungs- und Prüfintervalle vorgeben, nicht normativ in einer VDI-Richtlinie vorgegeben werden.

Des Weiteren kann die VDI-Richtlinie keine Verwaltungsakte wie eine Baugenehmigung oder die Tätigkeit eines hoheitlichen Prüfingenieurs für vorbeugenden Brandschutz und der dabei anzuwendenden Begriffsstrukturen ersetzen.

Ziel der Richtlinie ist die Standardisierung der Prüfschritte eines Vollprobetests. Daher ist die Richtlinie ein möglicher Weg zur Durchführung von Wirkprinzipprüfungen als auch des weiterführenden Vollprobetests zu sehen.

Für die Nutzer dieser Richtlinie ist es notwendig, sowohl bauordnungsrechtlich übliche Begriffe richtig anzuwenden und zu kennen als auch darüber hinausgehend in der Praxis übliche Begriffe für die Planung, Erstellung und den Betrieb dieser technischen Anlagen und Einrichtungen zu berücksichtigen.

Dabei ist die zukünftig vorgesehene Überarbeitung der Richtlinienreihen VDI 3819 und VDI 6010 bei der Anwendung der VDI 6010 Blatt 3 zu beachten.

In der Praxis werden derzeit normativ nicht definierte Begriffe verwendet. Diese sind in der Projektdokumentation zu erläutern.

Folgende beispielhafte Begriffsdefinitionen sind bei der Anwendung der VDI 6010 Blatt 3 hilfreich, jedoch in der Richtlinie nicht weiter erläutert:

Betriebssicherheit

Eigenschaft, dass Anlage und Einrichtung ordnungsgemäß und zuverlässig im Sinne der definierten Betriebsparameter funktionieren und bei bestimmungsgemäßem Betrieb keine Gefahren ausgehen.

Brandfallsteuermatrix

(im Originaltext der Richtlinie VDI 6010 Blatt 3 in einigen Passagen auch als Brandfallmatrix bezeichnet, siehe auch Abbildung 3)

Unterscheidet prinzipiell sicherheitstechnische Anlagen und Einrichtungen, die entweder als Quellen (Sensoren) oder als Senken (Aktoren) im Zusammenwirken der Anlagen dienen.

Erstprüfung

Prüfung einer sicherheitstechnischen Anlage vor der ersten Aufnahme der Nutzung der baulichen Anlagen z. B. einschließlich einer Wirkprinzipprüfung.

Anmerkung: Siehe MPrüfVO.

Ordnungsprüfung

Bei verschiedenen Prüfungen, z. B. gemäß Betriebssicherheitsverordnung (BetrSichV), bauordnungsrechtlichen Prüfungen an technischen Anlagen und Einrichtungen, beinhaltet die Ordnungsprüfung folgende Prüfinhalte:

- Vollständigkeit der erforderlichen Unterlagen
- richtiger Einsatz von Geräten und Komponenten, z. B. im Ergebnis von Gefährdungsbeurteilungen und sicherheitstechnischen Bewertungen

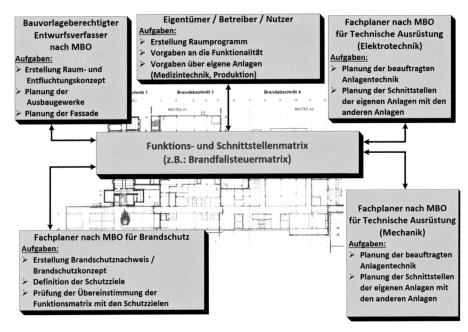

Abbildung 3: Brandfallsteuermatrix – Aufgaben der Beteiligten

- Einhaltung geforderter Auflagen von Behörden, z. B. im Erlaubnis- oder Genehmigungsbescheid
- Vorlage und Einhaltung erforderlicher Prüfparameter wie Prüffrist, Prüfumfang und Prüftiefe
- Feststellung der Übereinstimmung des Istzustands der Anlagen und Einrichtungen mit der vorgelegten Dokumentation
- Feststellung von Änderungen der Beschaffenheit oder der Betriebszustände seit der letzten Prüfung bei wiederkehrenden Prüfungen

Die Ordnungsprüfung wird in der Regel vor der Durchführung einer technischen Prüfung an Anlagen und Einrichtungen durchgeführt.

Anmerkung 1: Der Begriff Ordnungsprüfung wird häufig im Rahmen von Prüfungen gemäß BetrSichV von gesetzgebender Stelle vorgegeben und daher von Prüfern und Prüfgesellschaften auch auf die Prüfung von Anlagen und Einrichtungen, die nicht nach bindenden Regelwerken durchzuführen sind, sowohl als Begriff als auch bei der inhaltlichen Anwendungstiefe benutzt.

Anmerkung 2: Die Ordnungsprüfung im Sinne der VDI 6010 Blatt 3 beinhaltet nicht die Prüfungen verwaltungsinterner Vorgänge, z. B. bei der Prüfung wirtschaftlicher Vorgänge in Rechnungsprüfungsämtern und Fachaufsichtsstellen öffentlicher Auftraggeber beziehungsweise die Prüfung von Jahresabschlüssen auf die Einhaltung von Formvorschriften im Rahmen der Finanzbuchhaltung.

Prüfbericht

Zusammenfassung und Bewertung der Prüfergebnisse des Vollprobetests.

Prüfung nach wesentlicher Änderung

Prüfung, die nach Bauordnungsrecht durchzuführen ist, wenn eine technische Änderung der baulichen Anlage erfolgt ist, oder nach einer wesentlichen Änderung der technischen Anlage.

Anmerkung: Die Prüfung nach wesentlicher Änderung ist in der Regel unverzüglich, das heißt ohne schuldhafte Verzögerung, durchzuführen (siehe MPrüfVO).

sicherheitstechnisches Steuerungskonzept (sSK)

In den Muster-Prüfgrundsätzen Stand 26.11.2010 (Red.-stand 21.04.2011) wird darauf verwiesen, dass bei bauordnungsrechtlichen Prüfungen die prüfpflichtigen Anlagen auf Übereinstimmung mit dem sicherheitstechnischen Steuerungskonzept zu prüfen sind. Das sicherheitstechnische Steuerungskonzept (siehe Abbildung 4) ist entsprechend den geforderten Schutzzielen eines Brandschutznachweises aufzustellen. Dadurch wird sichergestellt, dass die technische Umsetzung des sicherheitstechnischen Steuerungskonzepts mit den Schutzzielen und Wirkprinzipien des Brandschutznachweises übereinstimmt. Daher sollte das sicherheitstechnische Steuerungskonzept vom Brandschutznachweisersteller aufgestellt werden. Das sicherheitstechnische Steuerungskonzept entsteht vor der Brandfallsteuermatrix.

Warmrauchversuche (Heißrauchversuche)

Warmrauchversuche sind – neben Entrauchungssimulationen – ein wirksames Instrument zur Überprüfung der Wirksamkeit von Rauch- und Wärmeabzugsanlagen (siehe auch Kapitel 5.1 und 5.7) und können Bestandteil einer Wirkprinzipprüfung sein.

Anmerkung: Die Überprüfung der Wirksamkeit einer RWA mittels Kaltrauchversuchen ist nicht möglich. Eine derart untersuchte Innenraumströmung ist nicht auf ein zu untersuchendes Brandereignis übertragbar.

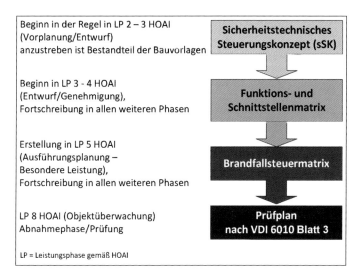

Beginn in der Regel in LP 2 – 3 HOAI (Vorplanung/Entwurf) anzustreben ist Bestandteil der Bauvorlagen	**Sicherheitstechnisches Steuerungskonzept (sSK)**
Beginn in LP 3 - 4 HOAI (Entwurf/Genehmigung), Fortschreibung in allen weiteren Phasen	**Funktions- und Schnittstellenmatrix**
Erstellung in LP 5 HOAI (Ausführungsplanung – Besondere Leistung), Fortschreibung in allen weiteren Phasen	**Brandfallsteuermatrix**
LP 8 HOAI (Objektüberwachung) Abnahmephase/Prüfung	**Prüfplan nach VDI 6010 Blatt 3**
LP = Leistungsphase gemäß HOAI	

Abbildung 4: Schema vom sicherheitstechnischen Steuerungskonzept (sSK) zum Prüfplan

Wiederkehrende Prüfung

Prüfung einer sicherheitstechnischen Anlage, die nach Bauordnungsrecht innerhalb einer definierten Frist durchzuführen ist.

Anmerkung: Die Prüfung sicherheitstechnischer Anlagen nach Bauordnungsrecht ist in der Regel innerhalb von drei Jahren wiederkehrend durchzuführen (siehe MPrüfVO).

Wirksamkeit

Eigenschaft oder Maß, dass Anlagen und Einrichtungen die zugedachten Aufgaben im Sinne der gestellten Anforderungen und Schutzziele erfüllen.

21

Grundlagen für einen Vollprobetest   **4**

Rechtliche Grundlagen   **4.1**

4.1 Rechtliche Grundlagen

Die rechtlichen Grundlagen für einen Vollprobetest ergeben sich aus privatrechtlichen Anforderungen. Ein wichtiger Bestandteil des Vollprobetests kann die Wirkprinzipprüfung sein, die auf der Grundlage öffentlich-rechtlicher Anforderungen wie dem Bauordnungsrecht durchzuführen ist. Außerhalb der öffentlich-rechtlichen Anforderungen können z. B. aus Mietverträgen weitere Anforderungen abgeleitet werden. Die rechtlichen Anforderungen sind z. B. aus den folgenden Regelungen ableitbar:

- Verkehrssicherungspflicht nach BGB

- Bauordnungen der Länder inklusive Sonderbauverordnungen

- Baugenehmigung

- Prüfverordnung

- Prüfgrundsätze

- eingeführte Technische Baubestimmungen (ETB)

- Brandschutznachweis, gegebenenfalls Brandschutzkonzept

- Brandmelde- und Alarmierungskonzept, nach DIN 14675

- Notfall-/Sicherheitskonzepte (DIN EN 81-28 – Fern-Notruf für Personen- und Lastenaufzüge)

- Betriebssicherheitsverordnung (Verweis auf VDI 3810)

- Technische Regeln für Betriebssicherheit

- Technische Regeln für wassergefährdende Stoffe oder Gefahrstoffe

- Verwendbarkeitsnachweise, z. B. nach Bauregelliste

- vorgeschriebene Instandhaltungsintervalle, z. B. normativ oder über den Hersteller

- versicherungsrechtliche Anforderungen

- Anforderungen aus einem störungsfreien Betriebsablauf

- Anforderungen zum Schutz vor Datenverlust

- Arbeitsschutz- und berufsgenossenschaftliche Regeln

- weitere Regeln der Technik

Ein Vollprobetest ist durchzuführen, wenn:

a) diesbezüglich bauordnungsrechtliche Anforderungen an die sicherheitstechnischen Anlagen gestellt sind und diese in vernetzten Systemen sicherheitstechnische Funktionen erfüllen müssen (Wirkprinzipprüfung), oder

b) wenn es weitere Kriterien gibt, die eine Prüfung der Gesamtfunktionalität sonstiger vernetzter Anlagen verlangen.

Somit ist der Vollprobetest auch für die Überprüfung und als Nachweis der Funktionen und Wechselwirkungen mehrerer vernetzter nicht sicherheitsrelevanter Anlagen durchzuführen (zusätzliche Prüfung).

Allgemeines

Die Notwendigkeit eines Vollprobetests (Abbildung 5) ergibt sich aus der bauordnungsrechtlich geforderten Wirkprinzipprüfung und den für den Nutzer wichtigen nutzungsspezifischen Prüfungen. Die jeweils heranzuziehenden Vorschriften, Verordnungen, Gesetze und anerkannten Regeln der Technik führen zu einer Prüfpflicht oder den zu prüfenden Anforderungen. Darüber hinaus führen nutzungsspezifische übergreifende Verknüpfungen zwischen Systemen ohne bauordnungsrechtliche Vorgaben zu Prüfgrundlagen (die dem Nutzer wichtig sind). Beide Prüfungen können Schwarzschaltungen enthalten.

Bei einem Vollprobetest geht es um das Zusammenspiel aller im Gebäude vorhandenen Systeme zur Sicherstellung der Gesamtfunktion (siehe Abbildung 6).

Somit sollte auch, wenn der Nutzer Prüfungen von dem Zusammenspiel von Systemen ohne bauordnungsrechtliche Grundlage (z. B. Verhalten von für die Dienstleistung wichtigen Systemen wie Stromversorger und batteriegepufferte Verbraucher) für notwendig hält, ein Vollprobetest durchgeführt werden.

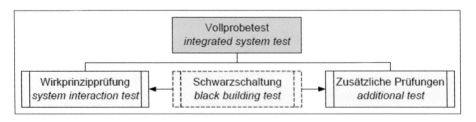

Abbildung 5: Vollprobetest mit seinen Bestandteilen gemäß VDI 6010 Blatt 3

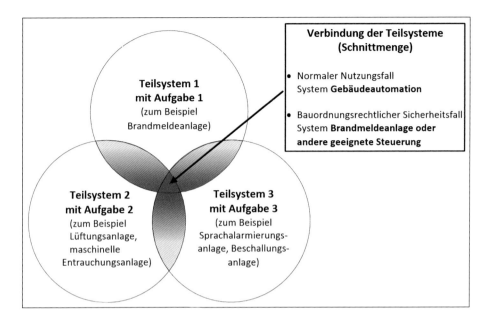

Abbildung 6: Beispiel für das Zusammenwirken von Teilsystemen im Gebäude innerhalb eines Gesamtsystems

Wirkprinzipprüfung

Die Prüfverordnungen der jeweiligen Länder geben Pflichtprüfungen durch Prüfsachverständige vor, die bei sicherheitstechnischen Anlagen durchzuführen sind (siehe Kapitel „Grundlagen zur Anwendung der VDI 6010 Blatt 3 im Bauordnungsrecht"). Diese Prüfungen sind für jeden Bauherren bauordnungsrechtlich verpflichtend und müssen zwingend vor der ersten Nutzung und in regelmäßigen Abständen (Fristen) wiederkehrend durchgeführt werden. Der Nachweis, dass alle Teilsysteme in einem Gesamtsystem fehlerfrei funktionieren, wird nach den Prüfungen der einzelnen Teilsysteme (z. B. MRA, NRA, BMA, Aufzüge) in der Wirkprinzipprüfung durchgeführt. Die Prüfbescheinigungen der Teilsysteme (ausgestellt durch den jeweiligen Prüfsachverständigen für das jeweilige System) haben vor der Wirkprinzipprüfung noch den Hinweis, dass das Teilsystem für sich geprüft, jedoch der Nachweis der Funktion im Zusammenspiel des Gesamtsystems (also die Funktion des Gebäudes) noch nicht nachgewiesen ist (Wirkprinzipprüfung).

Nutzungsspezifische Prüfungen

Nutzungsspezifische Prüfungen sind vom Nutzer/Betreiber/Bauherren gewünschte Prüfungen, die dem Nachweis der für die Nutzung wichtigen Funktionen dienen. Diese Prüfungen sind nicht gesetzlich vorgeschrieben, sondern sind zusätzlich zu der bauordnungsrechtlich geforderten Wirkprinzipprüfung durch den Nutzer/Betreiber/Bauherren gewünschte Prüfungen, die den Nachweis für wichtige übergreifende Funktionen der Nutzung abbilden.

Beispiele für nutzungsspezifische Prüfungen (zusätzliche Prüfungen):

- Kassenfunktion im Einkaufszentrum nach Netzausfall

- Kopplung der Buchungssysteme von Hotels mit der Gebäudeautomation für Klimatisierungsänderungen des Zimmers nach Einbuchung des Gasts

- sicheres Herunterfahren der Server bei Ausfall der Kälteversorgung

Schwarzschaltung

Für beide Prüfungen kann eine Schwarzschaltung erforderlich werden. Bei der Wirkprinzipprüfung wird z. B. der Trafo der allgemeinen Stromversorgung abgeschaltet und dann getestet, ob das Stromerzeugungsaggregat in Betrieb geht und anforderungsgerecht alle bauordnungsrechtlich relevanten Systeme versorgt werden und in diesem Fall die jeweiligen Systeme fehlerfrei funktionieren. Bei den nutzungsspezifischen Prüfungen wird geprüft, ob bei Ausfall der allgemeinen Stromversorgung die für den Nutzer notwendigen Systeme z. B. durch Batterien weiter versorgt werden, um dann ggf. gesichert abzuschalten (z. B. Kassensysteme).

Beispiele für Schwarzschaltungen bei der Wirkprinzipprüfung:

- Simulation eines Brandfalls mit anschließendem Netzausfall der allgemeinen Stromversorgung

- Simulation eines Brandfalls nach Netzausfall der allgemeinen Stromversorgung

- Simulation eines anstehenden Brandfalls bei Netzwiederkehr

Kommunikationsbeziehungen 4.2

4.2 Kommunikationsbeziehungen

Bei Kommunikationsbeziehungen (auch Übertragungswegen) muss unterschieden werden zwischen:

a) den anlagenübergreifenden Vernetzungen zwischen verschiedenen Anlagen, die erforderlich sind, um öffentlich-rechtliche Anforderungen fachgerecht umzusetzen (z. B. zwischen Brandmeldeanlage und Entrauchungsanlage),

b) den anlagenübergreifenden Vernetzungen zwischen verschiedenen Anlagen, die für den Betrieb eines Gebäudes erforderlich beziehungsweise hilfreich sind (z. B. Zustandsmeldungen einer Heizungsanlage zu einer während der Betriebszeit besetzten Stelle) und

c) den Übertragungswegen innerhalb einer Anlage oder eines Einzelsystems (z. B. Notrufanlage einer Aufzuganlage zu einer ständig besetzten Stelle außerhalb eines Gebäudes).

Übertragungswege innerhalb einer Anlage oder eines Einzelsystems werden in dieser VDI-Richtlinie nicht weiter betrachtet. Für weitere Erläuterungen siehe Anhang D, wenn die Verknüpfung von Teilsystemen über eine Brandmeldeanlage erfolgt.

In Vorbereitung des Vollprobetests ist festzustellen, ob alle Übertragungswege zwischen unterschiedlichen Systemen die geforderten Funktionen aufweisen und geprüft wurden. Dabei sind u. a. folgende Sachverhalte zu prüfen:

– Sind alle Kommunikationsbeziehungen gemäß den geltenden Anforderungen zwischen Teilsystemen erfüllt?

– Ist eine Überwachung erforderlich, gefordert oder zweckmäßig?

– Welcher Typ des Übertragungswegs ((ÜW 1 ... ÜW 3) nach DIN 14674) liegt vor?

– Erfüllt dieser Typ die jeweiligen Anforderungen?

– Welche Art der Überwachung ist vorgesehen (siehe Anhang D)?

– Von welcher Anlagenseite aus erfolgt die Überwachung des Übertragungswegs?

– Wie kann die Überwachung geprüft werden?

– Welche Konsequenzen ergeben sich bei einer Störung des Übertragungswegs?

– Ist eine Simulation der Störung unter Beibehaltung der Funktion zweckmäßig und realisierbar?

> – Ist die Rückwirkungsfreiheit in das angesteuerte Teilsystem und in die Ansteuerung bei einer Störung (z. B. bei einem Kurzschluss auf einem Übertragungsweg) sichergestellt?

Da für die Funktion des Gebäudes (also des Gesamtsystems) viele durch Kommunikationsschnittstellen miteinander verbundene Teilsysteme erforderlich sind, ist eine Festlegung der Kommunikationsbeziehung sowie bei Prüfung der Nachweis für die Erfüllung der Erfordernisse notwendig.

Bei bauordnungsrechtlich geforderten Systemen sind die Vorgaben an die Schnittstellen der jeweiligen Systeme normativ beschrieben.

Beispiel für normativ beschriebene Schnittstellen:

– Standardschnittstelle Löschen

– Schnittstelle der BMA eines Gebäudes zur Feuerwehr

– Schnittstelle der BMA zu einer Türfeststellanlage

Hier sind die Anforderungen der jeweiligen bauaufsichtlichen Zulassungen der Teilsysteme zwingend zu beachten.

Wenn Systeme mit der Brandmeldeanlage verbunden sind, ist zu prüfen, welche Art der Übertragungswege gemäß DIN 14674 zu verwenden ist (siehe auch Abbildung 7).

Die Abstimmung zu den Schnittstellen muss zwischen dem Planer/Errichter der Brandmeldeanlage (Quelle) und dem Planer/Errichter des anzusteuernden Systems (Senke, z. B. Entrauchungsanlage) in der Planung und weiterführend der Errichtung erfolgen. Im sicherheitstechnischen Steuerungskonzept ist festzulegen, welches System den Übertragungsweg (Schnittstelle) überwacht und welchen Zustand die Quelle (BMA) und die Senke (das anzusteuernde System) bei einem Fehler im Übertragungsweg einnehmen.

Beispiel für Zustände bei einem Fehler im Übertragungsweg einer BMA:

– Die BMA meldet den Fehler an die besetzte Stelle.

– Das anzusteuernde System (z. B. Entrauchung) geht in einen sicheren Zustand.

Bei Systemen ohne bauordnungsrechtliche Anforderungen ist zu prüfen, ob die notwendigen Informationsmengen (Interoperabilitätsmengen; Schnittmenge siehe auch Abbildung 6) in der Schnittstelle realisiert sind und alle Informationen vom Sender zum Empfänger gelangen (ggf. mit bidirektionaler Eigenschaft – also beidseitigem Senden und Empfangen von Daten).

Beispiele für Schnittstellen ohne bauordnungsrechtliche Anforderungen:

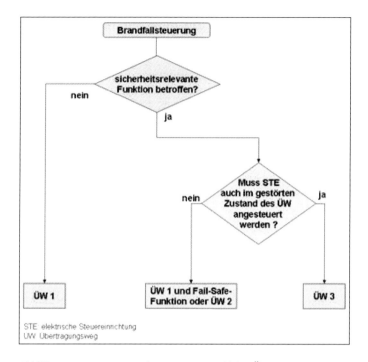

Abbildung 7: Bewertungsschema zur Auswahl des Übertragungswegs in Anlehnung an DIN 14674 (Quelle: VDI 6010 Blatt 2)

– Kopplung der Kältemaschine über ein Kommunikationsprotokoll (BACnet, Modbus usw.) an die Gebäudeautomation

– Weiterleitung von Störmeldungen an CAFM (Computer Aided Facility Management)-Systeme des Facility-Managements

Neben den übergreifenden Funktionen sind auch Übertragungswege im jeweiligen Teilsystem zu prüfen. So wird bei einem Aufzug die Sprechverbindung zu einer ständig besetzten Stelle bei der Prüfung des Teilsystems Aufzug und nochmals im Vollprobetest des Gebäudes nach einer Auslösung durch die BMA bei elektrischer Versorgung durch eine Sicherheitsstromversorgung geprüft.

Weitere Hinweise zu den Funktionsprinzipien von Übertragungswegen sind unter Kapitel 8.8 (Anhang D) zu finden.

4.3 Prüfungen im Rahmen des Inbetriebnahmemanagements

4.3 Prüfungen im Rahmen des Inbetriebnahmemanagements

In VDI 6039 ist das Inbetriebnahmemanagement für eine Gesamtfunktionalität eines Gebäudes (siehe Bild 2) beschrieben. Demnach muss geprüft werden, ob die bei den Planungen vorgegebenen Funktionen, Sicherheitsketten und Prozessabläufe im Gebäude erfüllt werden.

Der Vollprobetest dient als Nachweis der übergreifenden Funktionen und Schnittstellen nach erfolgter Inbetriebsetzung aller Gewerke in einem Gebäude im Rahmen des Inbetriebnahmemanagements (siehe Bild 2).

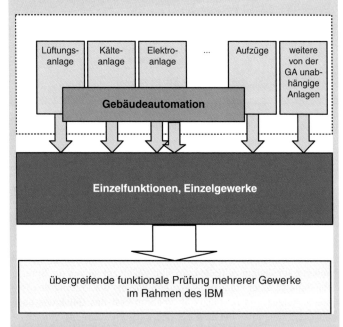

Bild 2. Beispielhafte Darstellung von gewerkeübergreifenden Funktionen im Rahmen eines Inbetriebnahmemanagements (IBM) nach VDI 6039

Wie in den vorangegangenen Kapiteln beschrieben, sind die bauordnungsrechtlichen Prüfungen zwingend vorgeschrieben.

Weitere dem Eigentümer/Nutzer/Betreiber wichtige Prüfungen müssen je nach Einzelfall festgelegt werden und sind für das Inbetriebnahmemanagement (IBM) eine wichtige Grundlage. Es ist sinnvoll, Prüfungen des IBM in den Vollprobetest zu integrieren.

Vollprobetest 5

Einleitung 5.1

5.1 Einleitung

Der Vollprobetest besteht aus mehreren Arbeitsschritten (siehe Bild 3), die nacheinander vollständig abgearbeitet werden müssen. Das Ergebnis ist eine dokumentierte Prüfung des Gesamtsystems.

Die Arbeitsschritte eines Vollprobetests haben das Ziel, diesen vorzubereiten, durchzuführen und zu dokumentieren. Die Schritte im Vollprobetest werden mit allen Beteiligten abgestimmt und zum Test die notwendigen technischen und personellen Ressourcen geplant. Ziel ist eine störungsfreie und mit allen Beteiligten abgestimmte Abarbeitung aller Testschritte.

Das Ziel eines Vollprobetests ist der Nachweis der fehlerfreien Funktion der geprüften Systeme im Verbund einschließlich aller erforderlichen Protokolle und Dokumente.

Dafür ist die Zusammenstellung eines Teams notwendig, in dem jeder seine Prüfaufgabe hat. Der Verantwortliche für den Vollprobetest führt das Team, organisiert die Prüfungen und erstellt mithilfe des Teams die Dokumentation über den Vollprobetest.

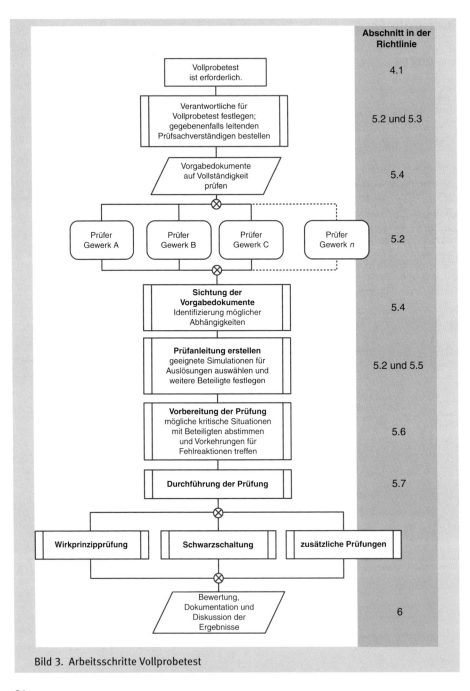

Bild 3. Arbeitsschritte Vollprobetest

Beteiligte 5.2

Die folgende Beschreibung stellt zunächst unabhängig von einem Vollprobetest gemäß VDI 6010 Blatt 3 verschiedene Beteiligte in Bauprozessen dar.

5.2 Beteiligte

Für die Durchführung des Vollprobetests sind die Beteiligten festzulegen (siehe Anhang A4).

Sofern es sich um einen öffentlich-rechtlich erforderlichen Nachweis (Wirkprinzipprüfung, siehe Bild 4) der systemübergreifenden Sicherheitsfunktionen verknüpfter Anlagen handelt, muss dieser in der Regel von einem oder mehreren bauordnungsrechtlich anerkannten Prüfsachverständigen für technische Anlagen durchgeführt werden, gegebenenfalls ist eine Abstimmung mit dem Prüfingenieur oder dem Prüfsachverständigen für Brandschutz (je nach Landesrecht) oder der zuständigen Bauaufsicht erforderlich.

Es ist in der Regel erforderlich, ein Team aus mehreren Prüfsachverständigen verschiedener Fachgebiete zusammenzustellen. Die Zusammenstellung richtet sich nach dem für die Wirkprinzipprüfung relevanten Umfang der zu prüfenden Funktionen und Wechselwirkungen der sicherheitstechnischen Anlagen.

Sollen neben der Wirkprinzipprüfung im Rahmen des Vollprobetests weitere Prüfungen erfolgen, sind gegebenenfalls weitere Sachverständige/befähigte Personen zu beteiligen.

Weiterhin sind für die Durchführung des Vollprobetests orts- und anlagenkundige sowie entscheidungsbefugte Personen, z. B. aus dem Kreis des Bauherrn, der Nutzer, der Betreiber, der Versorger, der Errichterfirmen sowie Mitarbeiter des Facility-Services, z. B. Wartungspersonal, Sicherheitsdienstpersonal und gegebenenfalls weitere Hilfskräfte, erforderlich. Die Genehmigungs- und Brandschutzbehörden sind gegebenenfalls zu unterrichten.

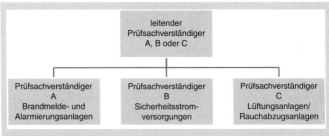

Bild 4. Beispiel für Organigramm einer Wirkprinzipprüfung als Bestandteil des Vollprobetests

Der bauvorlageberechtigte Entwurfsverfasser bzw. der Objektplaner ist bauordnungsrechtlich der Hauptverantwortliche während der Errichtung oder der Sanierung eines Gebäudes. Dieser muss sich bestimmter Erfüllungsgehilfen bedienen, wenn er auf einzelnen Gebieten nicht die notwendige Fachkunde besitzt. Dies können im Einzelfall Fachplaner der Elektrotechnik, der Sicherheits- und Brandmeldetechnik, der Gebäudetechnik und bei vielen Gebäuden der Brandschutzfachplaner sein. Grundsätzlich sind die Planer im Zusammenspiel verantwortlich für den Planungsprozess und die Bau- und Objektüberwachung während der Realisierung. Die Dokumente, die aus dem Planungs- und Realisierungsprozess entstehen, bilden die Prüfgrundlage für Funktionsprüfungen in Gebäuden.

Der in Abbildung 8 benannte Planungs- und Prüfprozess im Brandschutz stellt beispielhaft den Schwerpunkt des anlagentechnischen Brandschutzes dar. Ähnliche Prozessabläufe finden auch im baulichen Brandschutz zwischen dem Tragwerksplaner, dem Brandschutzkonzeptersteller und den Prüfingenieuren für Brandschutz und Standsicherheit statt.

Auf der Basis einer zu erstellenden Planung für die Einzelgewerke wird die Realisierung des Gebäudes und der zu installierenden technischen Anlagen organisiert. Diese Leistungen werden durch ausführende Firmen erbracht. Die Bauausführung sollte durch den bauvorlageberechtigten Entwurfsverfasser und die jeweils beteiligten Fachplaner überwacht werden. Wer dabei die Verantwortung des bauordnungsrechtlich in den meisten Bundesländern erforderlichen Bauleiters zu übernehmen hat, wird unterschiedlich in den verschiedenen Projekten und Bundesländern organisiert.

Alle vorgenannten Beteiligten eines Bau- und Planungsprozesses können projektabhängig Beteiligte zur Durchführung eines Vollprobetests gemäß VDI 6010 Blatt 3 werden. Für den Bauherrn bzw. Auftraggeber ist

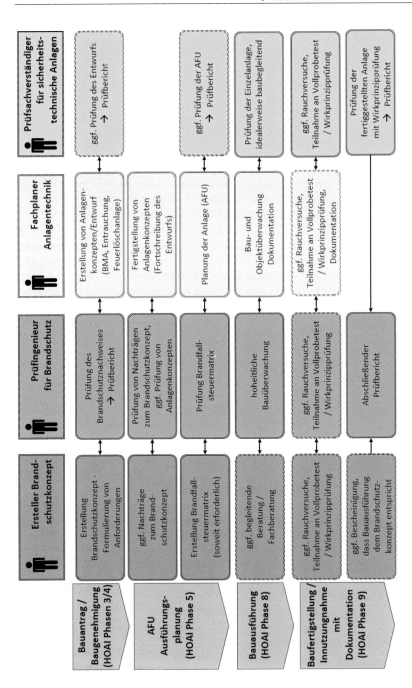

Abbildung 8: Planungs- und Prüfprozesse im Brandschutz – Beispiele anlagentechnischer Brandschutz

es in der Praxis sinnvoll, viele der notwendigen Beteiligten für den Vollprobetest aus den bereits am Bau beteiligten Personen zu bestimmen. Weiterhin sollte der Betreiber an den Tests teilnehmen, da er die Kenntnisse über die Anlagenfunktionen für den späteren Gebäudebetrieb benötigt. Bei den meisten Gebäudearten ist es jedoch erforderlich, weitere Prüfer hinzuzuziehen. So besteht das Team für die bauordnungsrechtlichen Prüfungen aus Prüfsachverständigen und bei nutzungsspezifischen Prüfungen sind ggf. weitere notwendige Spezialisten für die Prüfungen hinzuzuziehen.

Aus anderen Rechtgebieten wie dem Atomrecht, den Vorschriften des Eisenbahnbundesamts (EBA) und der Arbeitssicherheit (BetrSichV) können weitere Beteiligte erforderlich sein. Beispielsweise sind bei Prüfungen gemäß BetrSichV Prüfer der Zugelassenen Überwachungsstellen (ZÜS) oder befähigte Personen zu beteiligen.

Wichtig für die Praxisanwendung der VDI 6010 Blatt 3 ist der Hinweis, dass eine Aufzählung der Beteiligten sowie die Zusammenstellung des vollständigen Teams in der Richtlinie nicht abschließend dargestellt werden können. Vielmehr ist die Zusammenstellung der Beteiligten immer objektabhängig im Einzelfall zu bestimmen. Lediglich der Weg zur Zusammenstellung des Teams wird standardisiert in der Richtlinie beschrieben.

5.3 Prüfverantwortung

Die VDI 6010 Blatt 3 empfiehlt die Übertragung der Prüfverantwortung auf einen Verantwortlichen für den Vollprobetest. Je nach den anzuwendenden Rechtsgrundlagen können Personen mit einer besonderen Befähigung als Verantwortliche für den Vollprobetest benannt werden.

5.3 Prüfverantwortung

Der Verantwortliche für die Koordinierung und Durchführung des Vollprobetests ist durch den Auftraggeber festzulegen. Dabei sind Vorgaben aus dem Bauordnungsrecht oder Vorgaben aufgrund besonderer Anlagentechnik zu berücksichtigen. Der Verantwortliche stellt entsprechend den Anforderungen ein Team zusammen und legt damit die Teilnehmer an der Prüfung fest. Der Verantwortliche für den Vollprobetest sollte folgende Qualifikationen besitzen:

– grundlegende Kenntnisse bauordnungsrechtlicher Anforderungen
– grundlegende Kenntnisse über Anlagenfunktionen der anzusteuernden Systeme

- besondere Kenntnisse im Bereich von Brandmeldeanlagen (BMA), Gebäudeautomation im Besonderen der Schnittstellen

Für den Auftraggeber ist die rechtzeitige Bestimmung des Verantwortlichen für den Vollprobetest eine wesentliche und richtungsweisende Entscheidung, die insbesondere die organisatorischen und die fachlichen Anforderungen berücksichtigen muss. Bei der Bildung des Teams für den Vollprobetest sind auch formale Aspekte und Auflagen zur Übernahme der Prüfungsverantwortung zu beachten.

Mehrmonatige bzw. mehrjährige Verzögerungen von Gebäudeinbetriebnahmen oder provisorische vorläufige Inbetriebnahmen mit zusätzlichen Auflagen (z. B. Brandwachen und Nutzungseinschränkungen) können durch rechtzeitige Bestimmung des Verantwortlichen vermieden werden.

Vorgabedokumente 5.4

Nach der Zusammenstellung des Prüfteams für den Vollprobetest werden alle erforderlichen Dokumente aus dem bisherigen Projektverlauf herangezogen, um die Prüfanleitung zu erstellen. Hierbei geht es nicht um die Neuerstellung von Unterlagen, sondern um das Zusammenstellen vorhandener Dokumente zu Prüfgrundlagen!

5.4 Vorgabedokumente

Für die Wirkprinzipprüfung sind die bereitzustellenden Unterlagen den Musterprüfgrundsätzen zu entnehmen.

Vor der Durchführung eines Vollprobetests muss der Nachweis der erfolgreichen Prüfung der Teilsysteme vorhanden sein. So sollen u. a. folgende Dokumente und Prüfergebnisse vorliegen:

- alle Anforderungen an das Gesamtsystem und die Teilsysteme aus der Baugenehmigung und gegebenenfalls den übrigen betriebsrelevanten Auflagen

- Prüfprotokolle aller Teilsysteme, die die Prüfung der Teilsysteme bis auf die Wirkprinzipprüfung nachweisen (geeigneter Nachweis innerhalb der Dokumentation).

- Nachweis der Prüfung zu den jeweiligen Schnittstellen der Teilsysteme und deren vollständiger Funktion für das Gesamtsystem

- geprüfter Brandschutznachweis

- Funktionsbeschreibung über Funktionen des Gesamtsystems einschließlich der Wechselwirkungen zwischen den Teilsystemen

(siehe auch Hinweis zu Übertragungswegen im Abschnitt 4.2 bzw. Anhang D)

- Übersichtsplan zu Schnittstellen
- Funktions- und Schnittstellenmatrix z. B. nach VDI 6010
- Brandmeldekonzept nach DIN 14675
- Steuerungsfunktionen der Einrichtungen und Bauteile z. B. mit Zustandsgraphen nach VDI 3814 Blatt 6
- Anlagendokumentationen gegebenenfalls mit Lageplan
- zu erstellende Übersichtspläne und Detailpläne zur Identifikation von Quellen und Senken
- Errichterbescheinigungen (Herstellererklärungen)

Die vorgenannten Unterlagen sind für die Prüfung des Gesamtsystems erforderlich. Zum Zusammenstellen der Prüfanleitung können die Muster aus Anhang A benutzt werden.

Anmerkung: Ein geeigneter Nachweis der erfolgreichen Prüfung eines Teilsystems ist ein Prüfbericht eines Sachverständigen beziehungsweise Sachkundigen über die bestimmungsgemäße Funktion und Beschaffenheit des jeweiligen Teilsystems. In diesem Prüfbericht fehlt zur Bescheinigung der Wirksamkeit und Betriebssicherheit des Gesamtsystems lediglich der Nachweis der Wirkprinzipprüfung.

In Ausnahmefällen kann es erforderlich sein, den Nachweis der Wirksamkeit und Betriebssicherheit von Teilsystemen (z. B. Stromerzeugungsaggregate) im Rahmen des Vollprobetests zu erbringen. Diesen Ausnahmen ist vom Verantwortlichen des Vollprobetests zuzustimmen.

Auszüge beziehungsweise Kopien der Vorgabedokumente sind für die Durchführung des Tests vor Ort erforderlich (Prüfdokumente).

Für die Durchführung eines Vollprobetests sind aus den oben beispielhaft aufgeführten Vorgabedokumenten eine Prüfanleitung und Prüfpläne zu erstellen. Prüfanleitung und Prüfpläne stellen damit eine reproduzierbare Vorgabe der Testumgebung, der Testbedingungen und der einzelnen Testschritte dar.

In der Praxis ist die Dokumentation oft nicht vollständig, daher ist es erforderlich, alle Dokumente zu sichten (Ordnungsprüfung). Diese Dokumente müssen rechtzeitig vor dem Vollprobetest für die Erstellung der Prüfpläne vorliegen. Wenn die Dokumentation nicht vollständig ist, kann die Umsetzung der Anforderungen nicht geprüft, die Prüfanleitung nicht vollständig erstellt und keine abschließende Prüfung durchgeführt werden.

Prüfanleitung mit Prüfplänen 5.5

Für die Durchführung eines Vollprobetests oder einer Wirkprinzipprüfung sind verschiedene Unterlagen zur Vorbereitung der Prüfungen und zur Durchführung der Tests erforderlich.

5.5 Prüfanleitung mit Prüfplänen

Eine vollständige Prüfanleitung mit Prüfplänen ist eine unverzichtbare Voraussetzung für die Durchführung eines Vollprobetests. Prüfanleitung und Prüfpläne sind vor dem Vollprobetest zu erstellen. Zur Erstellung der Prüfanleitung und der Prüfpläne sind die Vorgabedokumente heranzuziehen. Der Verantwortliche für den Vollprobetest bestimmt, welche Prüfszenarien zu prüfen sind. Der leitende Prüfsachverständige für die Wirkprinzipprüfung ist für die Richtigkeit der Prüfanleitung und der Prüfpläne, unter Beachtung der Prüfgrundsätze, verantwortlich.

Die Gesamtheit aller wichtigen Unterlagen wird als **Prüfanleitung** bezeichnet. Die Prüfanleitung ist dabei aber vielmehr nur eine Zusammenfassung und Übersicht über alle Unterlagen, die für die Durchführung eines Vollprobetests oder einer Wirkprinzipprüfung notwendig sind.

Relevante Unterlagen, wie die Genehmigungen, die Bauvorlagen, die Prüfberichte der Einzelanlagen, die Prüfpläne, die Ablaufpläne sowie Messprotokolle, Bauteillisten, Schemen, Zeichnungen und etwaige Dateien für die Programmierung von Steuerungen, werden als Vorgabedokumente bezeichnet.

Für einen erstmaligen Vollprobetest bzw. für eine erstmalige Wirkprinzipprüfung werden die Prüf- und Ablaufpläne erstellt. Die weiteren relevanten Unterlagen in der Prüfanleitung werden aus der vorhandenen Dokumentation zusammengestellt. Es ist ausreichend, das Vorhandensein und den Status der Unterlagen vollständig zu erfassen und auf diese zu verweisen. Wichtig dabei ist, dass die Unterlagen mit ihrer Versionsnummer, mit dem letzten Datum und ggf. mit einem Änderungsvermerk erfasst werden.

Nur mit einer vollständigen Übersicht über die Dokumentation kann die Reproduzierbarkeit der Tests, der Grundlagen sowie der Rand- und Prüfbedingungen auch noch nach Jahren bewahrt werden. Betreiber und Nutzer erhalten damit nicht nur eine Übersicht über die Testbedingungen, die dem Stand der System- und Gebäudefunktionalität zum Zeitpunkt der Prüfungen zugrunde lagen. Mit der Prüfanleitung und insbesondere mit den Prüfplänen liegen dem Betreiber und Nutzer wichtige Dokumente und Grundlagen vor, die als Basis für wiederkehrende Prüfungen und bei Prüfungen nach Änderungen dienen. Damit wird die

Prüfanleitung mit den Prüfplänen zu einer wesentlichen Beurteilungsgrundlage, um abweichende Testergebnisse nach Änderungen an der Anlagentechnik oder an der Steuerung beurteilen zu können. Die wichtigsten Dokumente für die Durchführung eines Vollprobetests sind die Prüfpläne. Die Prüfpläne werden im Rahmen der Vorbereitung zur erstmaligen Durchführung eines Vollprobetests erstellt. Sie dienen damit gleichermaßen als Vorgabedokumente für alle späteren wiederkehrenden Prüfungen oder für Prüfungen nach Änderungen.

Der Verantwortliche für den Vollprobetest bzw. der leitende Prüfsachverständige für die Wirkprinzipprüfung zeichnet verantwortlich für die Vollständigkeit der Prüfanleitung und für die Richtigkeit der aufgestellten Prüfpläne. Dabei stellt er keine neuen Prüfgrundlagen auf. Er verändert auch nicht die vorgegebenen und genehmigten Grundlagen in der Art, dass er für die Szenarien und Auslösemuster von den Grundlagen abweichende Abläufe und Wirkprinzipien aufstellt oder diese nach Gutdünken ergänzt, sofern er der Auffassung ist, Lücken festgestellt zu haben.

Die Aufgabe des Verantwortlichen für den Vollprobetest besteht in der Sichtung und Analyse der Vorgabedokumente sowie in der Erstellung der Prüf- und Ablaufpläne oder in der Überwachung der Erstellung derselben. Insofern verarbeitet er lediglich die festgelegten Grundlagen und verdichtet sie in den Prüfplänen zu handhabbaren Dokumenten.

Tauchen bei der Erstellung der Prüfpläne Fragen auf oder bestehen Zweifel an der Richtigkeit, an der Plausibilität oder an der Vollständigkeit der Grundlagen, so sind diese Fragestellungen mit dem Bauherrn oder seinem berechtigten Vertreter bzw. mit den Genehmigungsbehörden oder dem Prüfingenieur/Prüfsachverständigen für Brandschutz zu klären.

Es wird empfohlen, die Prüfanleitung mit den Prüfplänen bei einer nach bauordnungsrechtlicher Vorgabe durchzuführenden Wirkprinzipprüfung mit dem Prüfingenieur/Prüfsachverständigen für Brandschutz abzustimmen bzw. diese ihm zur Kenntnis und Durchsicht zu geben.

Weiterhin ist es auch ratsam, den Prüfingenieur/Prüfsachverständigen für Brandschutz bei der Durchführung der Wirkprinzipprüfung zu beteiligen.

Der Verantwortliche für den Vollprobetest bzw. der leitende Prüfsachverständige für die Wirkprinzipprüfung bestimmt, welche Prüfszenarien von den aufgestellten Prüfplänen zu prüfen sind.

Für Wirkprinzipprüfungen sind nach den Regelungen der Muster-Prüfgrundsätze in jeder Prüfart (Erstmalige Prüfung, Prüfung nach Änderung, Wiederkehrende Prüfung) allerdings keine Stichprobenprüfungen von Szenarien zulässig. Sollten hier Abweichungen verabredet werden, so sind diese Festlegungen in der Prüfanleitung und in den Prüfplänen zu vermerken.

In der Praxis ist derzeit feststellbar, dass in Deutschland in den verschiedenen Bundesländern z. B. durch Verwaltungsvorschriften die Aufgaben und Verantwortlichkeiten im Brandschutz unterschiedlich verteilt sind. So stellt man in der Praxis fest, dass die Baugenehmigungsbehörde in Zusammenarbeit mit den Brandschutzdienststellen hoheitliche Vorgaben für die Durchführung von Wirkprinzipprüfungen vornehmen. In verschiedenen Bundesländern mit hoheitlich tätigen Prüfingenieuren für vorbeugenden Brandschutz nehmen diese Prüfingenieure aufgrund von Vorgaben der Aufsichtsbehörden variierende Festlegungen vor. In Bundesländern mit privatrechtlich tätigen Prüfsachverständigen für Brandschutz geben diese Empfehlungen ab, die von den Genehmigungsbehörden in unterschiedlicher Konsequenz bauordnungsrechtliche Verbindlichkeit erlangen. Daher ist zusammenfassend festzustellen, dass in verschiedenen Bundesländern und Regionen sowohl die Prüftiefe als auch die Verbindlichkeit der Genehmigungsdokumente in Bezug auf die Brandfallsteuermatrix, die sicherheitstechnischen Steuerungskonzepte und ähnliche Bauvorlagen stark variieren. Dies muss bei der Erstellung von Prüfanleitungen und Prüfplänen projektbezogen immer wieder neu berücksichtigt werden.

Prüfbedingungen 5.5.1

Bei der Aufstellung der Prüfanleitung mit den Prüfplänen sind die Bedingungen für einen Vollprobetest bzw. für eine Wirkprinzipprüfung, unter denen die späteren Prüfungen der Szenarien erfolgen sollen, von großer Bedeutung.

Diese Bedingungen werden als Prüfbedingungen bezeichnet. Prüfbedingungen können z. B. äußere Einflüsse wie Amokalarm oder der Ausfall der Energieversorgung (Schwarzschaltung) sein, unter denen die Funktion der Szenarien gleichermaßen gewährleistet sein muss wie unter Normalbedingungen.

5.5.1 Prüfbedingungen

Bei der Aufstellung der Prüfanleitung mit den Prüfplänen für die einzelnen Prüfszenarien sind u. a. die folgenden Prüfbedingungen zu beachten:

– Brand/Explosion

– Bombenalarm/Amokalarm

– Ausfall der Energieversorgung

- Witterungseinflüsse (Wind, Hochwasser, Blitzschlag- und Überspannungen)
- Nutzungsbezogene Betreiberanforderungen

Während des Vollprobetests sollen lediglich situationsbedingte Ergänzungen erfolgen.

Weiterhin können in den Dokumenten der Prüfanleitung, z. B. im Brandschutzkonzept, bestimmte Szenarien definiert sein, die unter bestimmten Einflüssen (= Prüfbedingungen) anders ablaufen sollen als im „Normalfall". Diese besonderen Bedingungen müssen Eingang in die Prüfpläne und in die Organisation der Prüfungen finden.

Dieses lässt sich am besten an einem Beispiel erläutern.

Beispiel für eine Schule

Bei Feueralarm bzw. im Brandfall soll eine Schule schnellstmöglich geräumt werden und die Schüler und Lehrer sollen sich zum Sammelpunkt begeben. Bei Amokalarm sollen die Schüler und Lehrer in den Klassenräumen bleiben und die Klassentüren von innen verschließen.

In der Praxis können diese völlig gegensätzlichen Szenarien durch eine Alarmierungsanlage mit einem Zusatzmodul für den Amokalarm realisiert werden. Die Alarmierungsanlage muss allerdings die Signaleingänge der auslösenden Melder (Quellen) in die beiden verschiedenen Auslöseszenarien für den Räumungsalarm und den Amokalarm unterscheiden – die beiden Auslöseszenarien erfordern mindestens zwei unterschiedliche Meldegruppen bzw. unterschiedliche Melderarten – und die Alarmierungsanlage so ansteuern, dass sich entsprechend den ausgelösten Meldern (das ist hier die Prüfgruppe des jeweiligen Auslöseszenarios) das Räumungs- und das Amokalarmsignal deutlich voneinander unterscheiden.

Für die beiden Prüfbedingungen Räumungsalarm und Amokalarm ergeben sich für das ansteuernde System Alarmierungsanlage damit zwei unterschiedliche Auslöseszenarien und die Bedingung, dass entweder unterschiedliche Aktoren (z. B. Signalgeber oder Lautsprecher) angesteuert werden oder dass sich in dem angesteuerten Auslösemuster die Funktionen der Aktoren für die jeweilige Prüfbedingung unterscheiden, z. B. bei einer Sprachalarmierung durch unterschiedliche Alarmierungstexte.

Durch die unterschiedlichen Prüfbedingungen ist ein unterschiedliches Verhalten der technischen Anlagen erforderlich, die im Alarmfall ein völlig gegensätzliches Verhalten der Nutzer bewirken sollen.

In den aufzustellenden Prüfplänen sind die jeweiligen Prüfbedingungen, unter denen das jeweilige Auslöseszenario getestet wurde, zu vermerken.

Weitere Beispiele für Prüfbedingungen

Ausfall der Energieversorgung (es können folgende Unterbedingungen vorkommen):

- Brandfall mit anschließendem Netzausfall der allgemeinen Stromversorgung
- Brandfall nach Netzausfall der allgemeinen Stromversorgung
- Anstehender Brandfall bei Netzwiederkehr

Nutzungsbezogene Betreiberanforderungen, z. B. Ausfall der Kälteversorgung

Struktur der Prüfanleitung

5.5.2

Der Aufbau der Prüfanleitung ist im Wesentlichen durch die vorhandenen Dokumente vorgegeben. Um die Durchführung eines Vollprobetests bzw. einer Wirkprinzipprüfung zu erleichtern, hat es sich in Praxis bewährt, die nachfolgend aufgeführten Unterlagen zur Vorbereitung der Tests zu sichten und zusammenzustellen bzw. einzelne Dokumente (z. B. Ablaufpläne) zu erstellen.

Wie im Kapitel 5.5 beschrieben, ist die Prüfanleitung nicht als Anleitung zum Prüfen im wörtlichen Sinne zu verstehen. Die Prüfanleitung ist die Zusammenstellung aller Unterlagen, die für die Vorbereitung, Durchführung, Dokumentation und Beurteilung eines Tests wichtig sind.

Die Prüfanleitung sollte allen Beteiligten vor und während der Tests verfügbar gemacht werden.

5.5.2 Struktur der Prüfanleitung

Die Prüfanleitung verweist auf alle wesentlichen Vorgaben und Dokumente für den Vollprobetest, wie:

- Deckblatt für Prüfunterlagen, siehe Anhang A2
- Prüfplan mit den festgelegten Auslöseszenarien (Prüfgruppen und zugehörige Auslösemuster), siehe Anhang A3
- Anlagen zu Prüfplänen, z. B. aus Vorgabedokumenten erstellte Hilfsmittel für den Test, wie Türenpläne oder Übersichtspläne
- Verhaltensregeln für nicht direkt Beteiligte, siehe Anhang B
- Schnittstellen und Verantwortung
- Terminplan
- Vorgabedokumente für den Vollprobetest
- Ablaufplan für die Vorbereitung des Vollprobetests, siehe Anhang C
- Ablaufplan für die Durchführung des Vollprobetests

Deckblatt für Prüfunterlagen, Beispiel siehe Kapitel 8.2 (Anhang A2)

Das Deckblatt für die Prüfunterlagen beinhaltet alle übergreifenden Informationen für die Vorbereitung und Durchführung des Vollprobetests. Folgende Angaben sollten auf dem Deckblatt aufgeführt sein:

- allgemeine Angaben zum Auftraggeber, zum Auftrag, zum Objekt, zum Verfasser des Deckblatts der Prüfunterlagen, zum Prüfumfang und besondere Angaben, z. B. wenn das Deckblatt nur für die Prüfunterlagen für einen Testtag, für eine Teilprüfung oder für eine Nachprüfung gültig ist

- Angaben zur Änderungshistorie, z. B. Änderungen in den Prüfgrundlagen oder Änderungen an der Zusammenstellung der Beteiligten oder den Prüfunterlagen

- Angaben zum Verteiler für die Prüfunterlagen

- Angaben zur Zusammenstellung der Prüfunterlagen, Aufzählung aller wichtigen Vorgabedokumente und Unterlagen mit Angaben zur Version, zum Ersteller und Datum

Prüfplan mit den festgelegten Auslöseszenarien (Prüfgruppen und zugehörige Auslösemuster), Beispiel siehe Kapitel 8.3 (Anhang A3)

Der Prüfplan ist das Kerndokument für die Durchführung und Dokumentation eines Vollprobetests. Der Prüfplan ist eine Dokumentation des zu prüfenden Gesamtsystems und gleichzeitig eine Einzelbeschreibung der Auslöseszenarien mit dem für jedes Auslöseszenario eigenen Auslösemuster der Senken und der zugehörigen Prüfgruppe sowie der zur Prüfgruppe zugehörigen Quellen.

Es hat sich bewährt, den Prüfplan in Tabellenform darzustellen und je Auslöseszenario ein oder ggf. mehrere zusammenhängende Blätter (entsprechend dem Umfang des Auslösemusters) zu erstellen. So können entsprechend dem Testprogramm für einen Prüftermin die betreffenden Auslöseszenarien aus dem Gesamtprüfplan entnommen und während der Tests bearbeitet werden. Sollten sich Änderungen in den Vorgaben einzelner Auslöseszenarien ergeben, können die betreffenden Blätter ausgetauscht werden. In diesem Fall ist ein Vermerk im Deckblatt für die Prüfunterlagen erforderlich. Für umfangreiche Prüfpläne hat sich eine Übersicht über die Auslöseszenarien bewährt. In dieser Übersicht sind die Änderungen in einzelnen Auslöseszenarien zu erfassen.

Ein Muster-Prüfplan ist im Kapitel 8.3 (Anhang A3) dargestellt.

Anlagen zu Prüfplänen, z. B. aus Vorgabedokumenten erstellte Hilfsmittel für den Test wie Türenpläne oder Übersichtspläne

Für komplexe Gebäude und umfangreiche Auslöseszenarien ist es sinnvoll, zu den Prüfplänen Übersichtspläne der jeweiligen Auslösebereiche zu erstellen. Damit können die Orientierung im Objekt verbessert, die Grenzen der Auslösebereiche übersichtlich dargestellt und Wartezeiten deutlich minimiert werden. In der Praxis haben sich Pläne von Senken (z. B. Türenpläne, Löschgruppenpläne) bewährt.

Verhaltensregeln für nicht direkt Beteiligte, Beispiel siehe Kapitel 8.6 (Anhang B)

Um einen reibungslosen Ablauf der Tests zu gewährleisten, müssen einige Bedingungen für einen störungsarmen Test erfüllt sein. Störungen der Tests durch unplanmäßige Eingriffe von Personen in die Testumgebung müssen unterbunden werden, da sie das Testergebnis verfälschen können.

So können Personen, die in den zu testenden Bereichen tätig, aber nicht direkt am Test beteiligt sind, durch ihr Verhalten, z. B. durch das Öffnen geschlossen zu haltender Türen oder durch das Außerbetriebsetzen von Anlagen, maßgeblich zum Gelingen oder Misslingen eines Tests beitragen.

Im Kapitel 8.6 (Anhang B) sind beispielhaft Verhaltensregeln für nicht direkt Beteiligte dargestellt, über die die betroffenen Personen rechtzeitig vor den Tests zu informieren sind.

Schnittstellen und Verantwortung

Es ist nötig, die Schnittstellen zwischen verschiedenen Anlagen und Einrichtungen darzustellen und die Verantwortung für die ordnungsgemäße Funktion der Schnittstellen den Teilgewerken zuzuweisen. Für eine Schnittstelle zwischen zwei fremden Systemen sind daher immer zwei Verantwortliche zu benennen, z. B. der Planer für Löschanlage und Planer der Brandmeldeanlage. Die Vorgaben der DIN 14674 sind bei den Prozessabläufen zu beachten. Die Gesamtverantwortung für die Koordinierung der Planung liegt beim Entwurfsverfasser.

Terminplan

Im Terminplan werden die Meilensteine für die Vorbereitung und Organisation des Vollprobetests sowie die Termine der Prüfungen der einzelnen Auslöseszenarien festgelegt. Hieraus ergibt sich die Kapazitätsplanung für die Beteiligten an den jeweiligen Testterminen.

Vorgabedokumente für den Vollprobetest

Eine vollständige Aufstellung aller für den Vollprobetest erforderlichen Vorgabedokumente ist Bestandteil des Deckblatts für die Prüfunterlagen, siehe Kapitel 8.2 (Anhang A 2). Einzelne Vorgabedokumente wie die Brandfallsteuermatrix oder ein Funktions- und Anlagenschema für den Rauchabzug können für die Durchführung der Tests von erheblicher Bedeutung sein. Sie werden dann Bestandteil der Prüfanleitung.

Ablaufplan für die Vorbereitung des Vollprobetests, Beispiel siehe Kapitel 8.7 (Anhang C)

Im Ablaufplan für die Vorbereitung des Vollprobetests werden die einzelnen Schritte und Inhalte der Vorbereitung dargestellt. Mit einer gewissenhaften Vorbereitung können die benötigten Ressourcen aufgaben- und termingerecht geplant werden. Hierdurch können längere Wartezeiten und unvorhergesehene Vorkommnisse und Störungen der Tests, z. B. fehlende Testbereitschaft von Anlagen am Testtermin, vermieden werden.

Im Kapitel 8.7 (Anhang C) sind Beispiele für Inhalte und Einflüsse auf den Ablauf eines Vollprobetests sowie die einzelnen Schritte der Vorbereitung aufgeführt.

Ablaufplan für die Durchführung des Vollprobetests

Im Ablaufplan für die Durchführung eines Vollprobetests wird jeder Testtermin mit den Angaben zu den geplanten Tests, den Zeitangaben für jedes Testszenario, ggf. notwendigen Vorbereitungen und Handlungen, Pausenzeiten, Besprechungszeiten und idealerweise mit der Aufgabenzuordnung der Beteiligten geplant.

Im Kapitel 8.5 (Anhang A5) befindet sich ein Beispiel für einen Ablaufplan für einen Testtermin.

Prüfanleitung für den Vollprobetest

Durch die Prüfanleitung für den Vollprobetest werden keine neuen Anforderungen an die Systeme gestellt.

Mit den Einzelprüfungen und der erforderlichen Dokumentation der Teilsysteme gemäß Abschnitt 5.4 wird die Prüfgrundlage für das Gesamtsystem erstellt. Hierzu zählen:

– alle Vorgabedokumente aus Abschnitt 5.4

– Vereinfachung von Prüfschritten (z. B. Stichprobenregelungen, Auslösen von Prüfgruppen)

– Prüfpläne entwerfen und als Anhang bereitstellen

Die Prüfpläne (siehe Anhang A3) sind die Handlungsanleitung für die Durchführung des Vollprobetests und gleichermaßen das Arbeitsprotokoll für die Dokumentation der Feststellungen bei der Abarbeitung der Prüfschritte im Vollprobetest. In diesen Prüfplänen werden alle Sollfunktionen der Anlagen und Komponenten erfasst und deren Funktionen wiedergegeben.

Wie bereits im Kapitel 5.5 erläutert, werden mit der Prüfanleitung für den Vollprobetest keine neuen Anforderungen an die Systeme und deren Vernetzung gestellt. Die Prüfgrundlagen für das Gesamtsystem sind zum einen durch die Vorgabedokumente aus Kapitel 5.4 für alle Beteiligten verbindlich festgelegt. Beispielsweise sind hier an erster Stelle die Baugenehmigung, der Brandschutznachweis und die Nachweise über die Einzelprüfungen der Teilsysteme bis zu den Grenzen der Schnittstellen anzuführen.

Mit den Prüfberichten der Teilsysteme und der zugehörigen Dokumentation sowie den weiteren Vorgabedokumenten aus Kapitel 5.4 sind die Prüfgrundlagen für das Gesamtsystem aufgestellt.

Der Prüfplan für den Vollprobetest stellt in der Prüfanleitung die Zusammenfassung der Prüfgrundlagen im Hinblick auf die Funktionalität des Gesamtsystems dar. Er ist damit das zentrale Dokument und gleichermaßen Arbeitsanleitung, Funktionsübersicht und das Arbeitsprotokoll für die Dokumentation der Feststellungen in den einzelnen Prüfschritten.

Der Prüfplan wird im Zuge der Vorbereitung für einen erstmaligen Test erstellt. Dabei liegt der Zeitraum der Erstellung des Prüfplans üblicherweise vor den Prüfterminen der Teilsysteme. Bei wiederkehrenden Vollprobetests ist auf den vorhandenen Prüfplan zurückzugreifen. Der Prüfplan ist im Hinblick auf Änderungen fortzuschreiben.

Eine weitere Prüfgrundlage können z. B. Festlegungen über den Umfang der Tests und Vereinfachungen von Prüfschritten (Stichprobenregelungen) sein.

Der Prüfplan wird üblicherweise aus den Angaben der Brandfallsteuermatrix erstellt. In Abbildung 9 ist die Grundstruktur einer Brandfallsteuermatrix mit den Quellen (hier die Brandmeldungen) und den Senken (hier die angesteuerten Anlagen) beispielhaft dargestellt. Im Prüfplan wird für jede Prüfgruppe das Auslösemuster der Senken auf der Ordinate dargestellt.

Brandmeldung	Quelle 1	Quelle 2	Quelle 3	Quelle n
Senke 1	X	X		
Senke 2	X		X	X
Senke 3		X		
Senke n		X	X	

Abbildung 9: Variante der Grundstruktur einer Brandfallsteuermatrix

Grundstruktur und Beispiel für einen Prüfplan

Prüfszenario für Auslöseszenario: *Nr.* Prüfgruppe: *Quellen 1-3*				
Senken	Auslösemuster	Prüfergebnis		Bem.
		Ja	Nein	
Senke 1	X			
Senke 2	X			
Senke 3				
Senke 4	X			
Senke n				

Abbildung 10: Grundstruktur für einen Prüfplan

Nachfolgend sind die Mindestinhalte eines Prüfplans beschrieben:

Für jedes Prüfszenario ist somit in Abhängigkeit von der Quelle einer oder mehrerer Senken die Sollfunktion des Auslösemusters einer Prüfgruppe zugeordnet. Aus der Summe der Sollfunktionen der Auslöseszenarien ergibt sich die Gesamtfunktionalität für das Gebäude.

Ein Prüfplan für ein Prüfszenario (siehe Bild 6) enthält mindestens:

- Kennung des Prüfszenarios (mit zugehörigem Auslöseszenario, siehe Bild 5)
- Quelle mit Ortsangabe
- Auflistung der Senken mit Ortsangabe, gegebenenfalls zusätzlich Adressierung der GA-Elemente
- Aktion (z. B. Einschalten, Ausschalten, Öffnen, Schließen) bzw. Zustandsmerkmal (z. B. Ein, Aus, Auf, Zu)
- Kennung der Sollfunktion
- Prüfergebnis der Funktion
- Prüfbemerkungen
- Datum der Prüfung und Prüfer
- Prüfvermerke (z. B. notwendige Nachprüfungen, Abstellungsvermerke)
- Festlegungen der Prüfbedingungen für den Betrieb von Anlagen und Komponenten mit einer Stromquelle für Sicherheitszwecke inklusive der Umschaltung, z. B.:
  - Bedingungen für das Abschalten der Stromversorgung und der Inbetriebsetzung der Stromquelle für Sicherheitszwecke

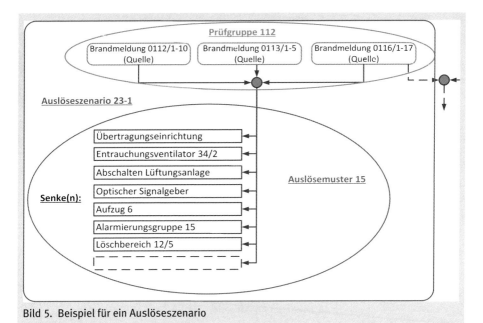

Bild 5. Beispiel für ein Auslöseszenario

Abbildung 11: Grafische Darstellung eines Auslöseszenarios

- Bedingungen für die Überwachung durch Gebäudeautomation, z. B. Prüfung der elektrischen Anlagen für Sicherheitszwecke (Sicherheitsstromversorgung) oder unterbrechungsfreien Stromversorgungen
- Bedingungen bei Netzwiederkehr (z. B. Wiederanlaufverhalten der Anlagen, Alarmstatus)

Ein Deckblatt für jeden Prüftermin mit allgemeinen Angaben wie Objektbezeichnung, Bereichen, Zeitraum, Unterlagen, Gültigkeit und Personen wird empfohlen.

Im Prüfplan (Abbildung 10) werden die einzelnen Auslöseszenarien mit den zugehörigen Prüfgruppen beschrieben und für jedes Auslöseszenario (Abbildung 11) sind alle Sollfunktionen der Senken des Auslösemusters und der zugehörigen Quellen in der Prüfgruppe aufgeführt. Weiterhin können zu jedem Auslöseszenario die Prüfbedingungen festgelegt werden. Es hat sich bewährt, für jedes Auslöseszenario ein oder

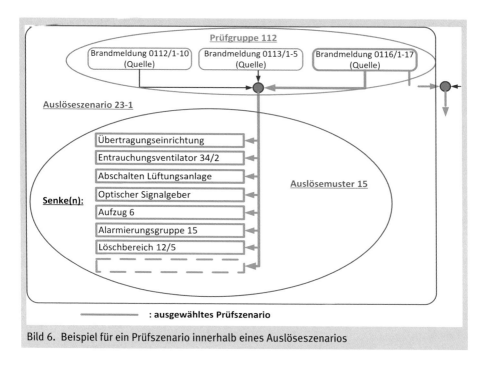

Bild 6. Beispiel für ein Prüfszenario innerhalb eines Auslöseszenarios

Abbildung 12: Grafische Darstellung eines Prüfszenarios innerhalb eines Auslöseszenarios

ggf. mehrere zusammenhängende Blätter (entsprechend dem Umfang des Auslösemusters) zu erstellen.

Durch die tabellarische Darstellung des Prüfplans, siehe Kapitel 8.3 (Anhang A 3), ist eine Reproduzierbarkeit der Tests unter gleichen Testbedingungen noch nach Jahren möglich.

Zur Vorbereitung eines Vollprobetests wird in einem Auslöseszenario stellvertretend für die gesamte Prüfgruppe eine bestimmte Quelle aus der Prüfgruppe für die Auslösung des Szenarios festgelegt. Die Festlegung der auslösenden Quelle für ein bestimmtes Auslösemuster wird als Prüfszenario bezeichnet, siehe Abbildung 12.

Hinweis: Die Prüfung der Programmierung der Ansteuerungen muss im Rahmen der Teilsystemprüfung vor dem Vollprobetest erfolgen und nachgewiesen werden. Diese Prüfung erfolgt oftmals anhand der vorgelegten Programmierung (z. B. Baumlisting). Ist diese Prüfung nicht nachgewiesen, muss dieser Schritt im Rahmen des Vollprobetests erfolgen.

Vorbereitung mit dem Gebäudebetrieb   5.6

Die Vorbereitung mit dem Gebäudebetrieb dient zur Vermeidung von Fehlfunktionen und kritischen Betriebszuständen. Diese können bei erstmaligen Vollprobetests bei noch im Bau befindlichen Gebäuden als auch bei in der Betriebsphase durchzuführenden Vollprobetests auftreten.

Bei in Betrieb befindlichen Gebäuden stellen Vollprobetests besonders für die Betreiber einen hohen organisatorischen Aufwand dar. Zum einen sind meistens die Fachleute aus dem Zeitpunkt der Errichtung nicht mehr verfügbar und zum anderen stören die Tests die normalen Betriebsabläufe.

Daher ist die Vorbereitung mit dem Gebäudebetrieb relevant bei Gebäuden und Anlagen, die sich bereits in der Betriebsphase befinden. Hier sind folgende Anlässe für einen Test von Bedeutung:

- wiederkehrender Vollprobetest (z. B. bei einer wiederkehrenden Wirkprinzipprüfung und/oder zusätzliche Prüfungen nutzerspezifischer Anlagen, z. B. Zutrittssystem und Einbruchmeldeanlage)
- Vollprobetests nach Umbau oder Sanierung eines Bestandsgebäudes
- Vollprobetest nach Erweiterung eines Bestandsgebäudes
- Vollprobetest nach Abschluss einer weiteren Etappe (z. B. Bauabschnitt) bei bereits erfolgter Teilnutzung einer vorher realisierten Etappe

---

5.6 Vorbereitung mit dem Gebäudebetrieb

Der Vollprobetest stellt eine besondere Herausforderung an alle Beteiligten dar. Im Schadensfall kann es zu besonderen Betriebszuständen kommen, deren Beherrschung durch die sicherheitstechnischen Systeme vor Beginn des Betriebs simuliert und geprüft werden müssen. Während des Tests besteht die Gefahr von Fehlfunktionen, deren mögliche Auswirkungen zuvor gedanklich durchgespielt werden müssen. Insbesondere die betrieblichen Rahmenbedingungen sind daher zu berücksichtigen.

Bei einem Vollprobetests in einem Neubau, in dem noch keine Teilnutzung erfolgt (z. B. bei einer erstmaligen Wirkprinzipprüfung vor Übergabe des Gebäudes), wird die Vorbereitung mit der Bauleitung abgestimmt.

Ein Vollprobetest stellt ein Teilprojekt des Bauvorhabens dar, für welches ein geeignetes Projektteam benötigt wird. Die einzelnen Teammitglieder müssen die Befähigung für die entsprechenden Aufgaben aufweisen, siehe Kapitel 5.2.

Es sind sowohl die bei den möglichen Schadensfällen zu erwartenden Zustände zu entwickeln und zu planen als auch die Einflüsse des Tests auf die aktuell im Gebäude bzw. der Anlage zu erwartenden Prozesse zu berücksichtigen.

Es sind potenzielle Gefährdungen für im Gebäude ablaufende Prozesse, für sich im Gebäude aufhaltende Personen, Materialien und Daten im Sinne einer Risikobetrachtung zu identifizieren. Beispiele für Gefährdungen:

– von Prozessen:

- Abschaltung von Lüftungsanlagen von Abzügen in der Pharmaforschung, in denen empfindliche Ansätze von Wirkstoffen hergestellt werden → Gefahr des Verlusts der teuren Ansätze

- Abschaltung von Lüftungsanlagen in Produktionsbereichen (Fritteusen-Entlüftung in Küche im Fastfood-Bereich) → Dämpfe führen zu Folge-Brandmeldeauslösungen

– von Personen:

- Abschaltung von Lichtquellen bei Schwarzschaltungen in Räumen, in denen zeitgleich Handwerker auf Leitern in einigen Metern Höhe arbeiten → Absturzgefahr

- Gefährdung im Bereich der Ausblasöffnungen von seit längerem nicht mehr betriebenen Ventilatoren für Rauch- und Wärmeabzugsanlagen → Gefahr für Augen durch Staub- und Schmutzpartikel

- Verunsicherung und/oder Einklemmen von Personen im Rollstuhl durch sich schließende Türen im Krankenhausbereich

– von Material:

- Kollision bewegter Teilen mit Material (z. B. Nachströmöffnungen von Rauch- und Wärmeabzugsanlagen) mit (unerlaubt) deponiertem Material (z. B. Paletten im Verkaufs- oder Lagerbereich) → beidseitige Beschädigung möglich

– von Daten

Es sind entsprechende Maßnahmen zu ergreifen, um das Risiko unerwünschter Auswirkungen auf Prozesse und Personen zu minimieren.

Die Art des Projekts (Neubau, Sanierung, Umbau, Erweiterung eines Bestandsbaus etc.) und das Zeitfenster, in dem der Vollprobetest durchgeführt wird (erstmaliger Vollprobetest oder der Vollprobetest in einem Gebäude, in dem ein oder mehrere Teilbereiche bereits der Nutzung übergeben wurden), spielen für die Relevanz der nachfolgenden Punkte im Richtlinientext eine entscheidende Rolle.

Folgende Fragen sind bei der Planung u. a. zu beachten:

- Kann der Vollprobetest nur noch im Betrieb durchgeführt werden, oder ist die Inbetriebnahme der Anlage noch nicht erfolgt?
- Ist der Vollprobetest nur zu bestimmten Tageszeiten durchführbar, und hat dies Auswirkungen auf die Prüfung (z. B. zusätzliche oder fehlende Last durch Beleuchtung)?
- Gibt es nicht zerstörungsfrei prüfbare Ansteuerungen, die ersatzweise mit Anzeigen versehen werden müssen?
- Kann ein Probealarm ohne sonstige Konsequenzen (z. B. Ausrücken der Feuerwehr) ausgelöst werden, oder sind andere Prüfmöglichkeiten (z. B. „Clearing-Stelle") vorgesehen?
- Sind durch die Abschaltung oder Ansteuerung sowie möglicherweise fehlerhafte Reaktion (z. B. Abschaltung der Netzversorgung gefolgt von einer Überlast des Stromversorgungssystems) andere Einrichtungen (z. B. OP-Bereich eines Krankenhauses) betroffen?
- Gibt es Situationen, die in jedem Fall vermieden werden müssen? Wie kommen sie zustande und wie wird ihr Auftreten planmäßig und im Störungsfall vermieden?
- Festlegung, mit welcher Energieversorgung der Vollprobetest des einzelnen Szenarios durchgeführt wird (AV-Betrieb/SV-Betrieb/ Umschaltung)
- Überprüfung bei wiederkehrenden Wirkprinzipprüfungen/Vollprobetests, ob es seit der Erstprüfung Änderungen am Gebäude, der Nutzung, der Anlagentechnik, der Brandfallmatrix oder der Auflagen gab. Wurden die Vorgabedokumente (z. B. Prüfplan, Brandschutznachweis, Brandfallmatrix) entsprechend den vorgenommenen Änderungen angepasst?

Mit Ausnahme von Bereichen, in denen sieben Tage die Woche 24 h lang die Nutzung aufrechterhalten werden muss (z. B. Krankenhäuser und Hotels), ist es in der Regel möglich, Zeitfenster für den Vollprobetest auszuwählen, in denen sich Betrieb und Test nicht stören, z. B. Einkaufszentren → Testbeginn: 1 h nach Schließung.

Weitere zu beachtende Fragen:

- Wie kann das Testprogramm optimiert werden, um möglichst wenige Testpersonen einsetzen zu müssen?
  → geeignete Wahl von Stichproben (in Absprache mit dem zuständigen Prüfingenieur/Prüfsachverständigen für Brandschutz oder einem Vertreter der Baubehörde bzw. Brandschutzdienststelle)

- Wie kann die Reihenfolge der Tests optimiert werden, um die Testbeteiligten nach und nach reduzieren zu können?
  → z. B. Test von Mieterobjekten im Einkaufszentrum (z. B. Einraum-
  lüftungen oder Brandschutztüren in der Mietfläche) oder Aufzugsanlagen zu Beginn der Testserien
  → anschließend kann auf die weitere Teilnahme des jeweiligen Mie-
  ters oder des Erstellers der Aufzugsanlagen verzichtet werden

- Bestmöglicher Zeitpunkt für Tests in Bereichen mit 24-h-Betrieb
(z. B. Tests der Alarmierungssysteme im Hotel tagsüber, Tests der
Aufzugsanlagen nach Mitternacht)?

- Gibt es Alarmierungssysteme (z. B. System zur Alarmierung der betrieblichen Notfallorganisation), die während des Vollprobetests
deaktiviert werden sollten?

- Gibt es weitere Tests, die sinnvollerweise im Anschluss an die
geplanten Tests durchgeführt werden sollten, da ähnliche Rahmenbedingungen geschaffen werden müssen (z. B. Schwarzschaltung
im Rahmen der Wirkprinzipprüfung und der Tests für das Stromver-
sorgungssystem)?

> Bei besonders komplexen Funktionszusammenhängen, für die ein
> Vollprobetest durchzuführen ist, wird empfohlen, Vorabprüfungen
> wesentlicher Interaktionen durchzuführen.

Solche Tests stellen eine Art Generalprobe dar und führen dazu, dass
Mängel im Bereich der Schnittstellen zwischen den involvierten Systemen frühzeitig erkannt werden. Durch entsprechend (frühzeitig) einge-
plante Zeit für die Mängelbehebung kann der Erfolg des „offiziellen"
Vollprobetests deutlich verbessert werden. Dies führt zum einen dazu,
dass die Termine für den Nutzungsbeginn mit größerer Wahrscheinlich-
keit eingehalten werden können, und zum anderen das Vertrauen bei
den Vertretern der Baubehörde bzw. Brandschutzdienststelle, beim
Bauherrn sowie beim (späteren) Gebäudebetreiber positiv beeinflusst
werden kann.

5.7 Durchführung

> **5.7 Durchführung**
>
> Der Vollprobetest ist nach der Prüfanleitung durchzuführen. Die Er-
> gebnisse werden in den Prüfplänen (siehe Muster nach Anhang A3)
> für jedes durchgeführte Prüfszenario dokumentiert und im Prüfbe-
> richt zusammengefasst.

Es ist sicherzustellen, dass bei Auslösung der im Prüfplan benannten Quelle die erforderlichen Betriebszustände und vorgesehenen Prüfbedingungen im Gebäude gegeben sind. Alle Abweichungen sind zu dokumentieren.

Bei jeder Auslösung einer bestimmten Quelle einer Prüfgruppe sind alle Senken des Auslösemusters zu prüfen. Die Ergebnisse je Prüfszenario werden in einem Prüfplan (Muster nach Anhang A3, Spalte J bis Spalte N) eingetragen.

Die abschließende Bewertung, z. B. über die Wirksamkeit und Betriebssicherheit nach Bauordnungsrecht, erfolgt im jeweiligen Prüfbericht.

Sofern bei einzelnen Szenarien und Prüfschritten in den Aktionen Abweichungen von den Sollfunktionen festgestellt werden, sind diese zu beheben. Nach Fehlerbehebung sind für das jeweilige Szenario in allen Prüfschritten die Sollfunktionen der Aktionen nachzuprüfen.

Es können je nach Objektgröße Zwischenberichte über Teilprüfungen oder Prüfberichte mit Mängeln und daraus resultierenden Nachprüfungen erforderlich sein. Der abschließende Prüfbericht muss in diesem Fall alle letztgültigen Prüfszenarien beinhalten.

Je nach Komplexität des durchzuführenden Tests ist es notwendig, jeder Testperson für die durchzuführende Prüfung spezifische Testunterlagen wie Prüfplan oder Checklisten (Auflistung der zu prüfenden Senken) und Planunterlagen (z. B. Plan mit zu prüfenden Türen) auszuhändigen, die ihr das Auffinden der Testobjekte erleichtern.

Den Testpersonen muss vor jedem Test eindeutig erklärt werden, welche Zustände die zu prüfenden Objekte vor und nach Auslösung des aktuellen Prüfszenarios einnehmen müssen.

Ob zu jeder ausgelösten Quelle alle Senken gemäß Auslösemuster zu prüfen sind, hängt von der Systemarchitektur der Sicherheitsanlage, welche die Quellen verwaltet (z. B. Brandmeldeanlage), ab. Sofern alle Quellen dieselben Senken ansteuern (z. B. Abschalten aller Lüftungsanlagen bei allen Brandszenarien im gesamten Gebäude), können in Absprache mit dem zuständigen Prüfingenieur/Prüfsachverständigen für Brandschutz oder einem Vertreter der Baubehörde bzw. Brandschutzdienststelle Stichproben definiert werden, mit denen sichergestellt wird, dass alle Ansteuerungskombinationen funktionieren.

Die Bewertung der Testergebnisse und der einzelnen Mängel gibt Hinweise, ob eine Nutzung des Gebäudes bzw. der Anlage vertretbar ist bzw. mit welcher Frist die Mängel zu beheben sind.

Hinweis: Nach Anpassung eines Systems (Hard- und/oder Software) sind alle von der Änderung betroffenen Prüfungen zu wiederholen, un-

Abbildung 13: Warmrauchversuch in einer Versammlungsstätte zur Überprüfung der Wirksamkeit einer RWA

abhängig davon, ob eine vor der Anpassung durchgeführte Prüfung erfolgreich war oder nicht.

Es ist zu empfehlen, die Tests so durchzuführen, dass der Zeitbedarf minimiert wird.

Dadurch werden die Kosten reduziert und die Testbeteiligten, die vor und/oder nach den Tests noch andere Aufgaben wahrnehmen müssen, nicht über Gebühr belastet. Außerdem kann die Konzentration der Teilnehmer länger aufrechterhalten werden.

Diesbezügliche Einflussmöglichkeiten sind beispielsweise:

– frühzeitige und bei Bedarf wiederholte Information an alle am Test Beteiligten und alle vom Test Betroffenen

– Sicherstellung der Stellvertretung bei zwingender Abwesenheit für alle Testbeteiligten

– Information über die und Durchsetzen der Musterverhaltensregeln (siehe Anhang B der Richtlinie)

– Prüfen aller Quellen, Senken und Systeme, die in Bezug auf Diebstahl und/oder Sabotage gefährdet sind (z. B. Relais des Funknetzes, Handfeuermelder)

Abbildung 14: Warmrauchversuch in einer Tiefgarage zur Überprüfung der Wirksamkeit einer mit Brandlüfter der Feuerwehr unterstützten natürlichen Rauch- und Wärmeabzugsanlage (NRA)

- bei Vorabprüfungen: Klärung der Testbereitschaft vor Beginn der Tests
  → Es ist nicht sinnvoll, Prüfungen mit nicht testbereiten Quellen oder Senken durchzuführen.
- klar verständliche und eindeutige Testunterlagen verwenden, die keine Missverständnisse zulassen
- Testdauer durch Optimierung des Testprogramms minimieren
- Tests straff durchführen → Leerlauf vermeiden
- Funkdisziplin erläutern und durchsetzen
- im Vorfeld die Abdeckung des Funknetzes prüfen und bei Bedarf optimieren
- vor dem Test Zugänglichkeit zu allen Quellen und Senken sicherstellen
- für ausreichend Pausen und Verpflegung sorgen
- Teilnehmern, die nicht mehr benötigt werden, die Möglichkeit geben, den Test frühzeitig zu verlassen.

Abbildung 15: Warmrauchversuch in einem Theatersaal mit Bühne und Zuschauerraum zur Überprüfung der Wirksamkeit einer maschinellen Rauch- und Wärmeabzugsanlage (MRA)

Sofern notwendig (siehe auch Kapitel 3 „Wirkprinzipprüfung" und Kapitel 5.1), ist die im Rahmen eines Vollprobetests durchgeführte Wirkprinzipprüfung um einen oder mehrere Warmrauchversuche (auf Basis des vfdb-Grundsatzpapiers sowie der VDI 6019 Blatt 1 und Blatt 2) zu erweitern.

Die im Warmrauchversuch erzeugte Rauch- und Wärmefreisetzung aktiviert z. B. die Brandmeldeanlage, die Brandfallsteuerung sowie die angesteuerten Senken (Wirkprinzipprüfung), siehe auch Abbildungen 13 bis 15.

Prüfdokumentation 6

Dokumentation des Vollprobetests 6.1

Die zum Vollprobetest durchgeführten Prüfungen müssen in schriftlicher Form in einem zusammenfassenden Prüfbericht dokumentiert und bewertet werden. In der zusammenfassenden Darstellung werden die einzelnen Prüfschritte und Ergebnisse eines jeden Testtermins zu einem ganzen Bild verdichtet und im Kontext der Anforderungen einer Bewertung unterzogen.

Zur Prüfdokumentation eines Vollprobetests gehören der Prüfbericht und weitere Unterlagen mit Angaben zu den Prüfgrundlagen, zum Prüfumfang, zu den Prüfbedingungen (z. B. Stichproben) und zur Prüfumgebung. Sofern diese Angaben nicht selbst im Prüfbericht aufgeführt sind, sind sie als Anlagen dem Prüfbericht beizufügen.

In diesem Sinne sind das Deckblatt für die Prüfunterlagen nach Kapitel 8.2 (Anhang A 2), der Prüfplan nach Kapitel 8.3 (Anhang A 3) und die Ablaufpläne für den Vollprobetest nach Kapitel 8.5 (Anhang A 5) geeignete Unterlagen für die Prüfdokumentation und für die Anhänge zum Prüfbericht. Diese Vorgehensweise führt zur Reduzierung des Arbeitsaufwands für die Dokumentation.

In der Prüfdokumentation hat der Prüfplan eine besondere Bedeutung. Der Prüfplan ist die Arbeitsanleitung für den Vollprobetest mit Übersicht über alle Sollfunktionen der Auslösemuster der jeweiligen Auslöseszenarien und der zugehörigen Quellen in den Prüfgruppen. Gleichzeitig ist der Prüfplan das Arbeitsprotokoll mit der Dokumentation der Feststellungen bei der Abarbeitung der einzelnen Prüfschritte eines Vollprobetests.

6 Prüfdokumentation

Auf Grundlage der Ergebnisse ist ein zusammenfassender Prüfbericht (Muster siehe Anhang A 1) zu erstellen. Der Prüfbericht für eine bauordnungsrechtliche Wirkprinzipprüfung muss mindestens die Angaben nach den Prüfgrundsätzen des jeweiligen Bundeslandes enthalten.

Inhalte des Prüfberichtes für den Vollprobetest sind mindestens:

– Art und Standort der baulichen Anlage

– Bauherr/Betreiber (Auftraggeber)

– Name und Anschrift des Prüfsachverständigen

– Zeitraum/Zeitpunkt der Prüfung

- Art und Zweck der Anlage
- Art und Umfang der Prüfung (vor Inbetriebnahme, nach wesentlicher Änderung, wiederkehrende Prüfung, Prüfung nach Mängelbeseitigung)
- Kurzbeschreibung der Anlage mit Angabe der wesentlichen Teile
- Verweis auf die Prüfpläne
- vorgelegte Unterlagen
- Beurteilungsmaßstäbe (Rechtsvorschriften, Richtlinien, technische Regeln)
- Auslegungsdaten
- durchgeführte Funktionsprüfungen, gegebenenfalls Einschränkungen
- Betriebs- und Wartungszustand
- Sicherheitseinrichtungen
- Messergebnisse
- Nennung der verwendeten Mess- und Prüfgeräte
- Bewertung der Mess- und Prüfergebnisse
- Beschreibung der Mängel
- Bewertung der Mängel und fachliche Einschätzung zum Weiterbetrieb
- Fristangabe für Mängelbeseitigung
- Bescheinigung der Wirksamkeit und Betriebssicherheit
- Bestätigung, dass diese Prüfgrundsätze beachtet worden sind
- Feststellung der Beseitigung von Mängeln
- gegebenenfalls Hinweise (z. B. auf festgestellte Mängel außerhalb des Prüfumfangs)

Die vorstehend aufgeführten Inhalte eines Prüfberichts sind die Mindestangaben für die Dokumentation einer bauordnungsrechtlichen Wirkprinzipprüfung nach den Muster-Prüfgrundsätzen.

Es wird empfohlen, folgende zusätzliche Angaben im Prüfbericht aufzunehmen:

- Deckblatt für die Prüfunterlagen nach Kapitel 8.2 (Anhang A2), ggf. auch als Anlage zum Prüfbericht
- Prüfplan nach Kapitel 8.3 (Anhang A3), ggf. auch als Anlage zum Prüfbericht
- Ablaufpläne für den Vollprobetest nach Kapitel 8.5 (Anhang A5), ggf. auch als Anlage zum Prüfbericht

Für zusätzliche Prüfungen sind ggf. weitere Ergänzungen in der Struktur des Prüfberichts vorzunehmen.

Sofern im Rahmen eines Vollprobetests bzw. einer Wirkprinzipprüfung Warmrauchversuche durchzuführen sind, werden diese üblicherweise innerhalb eines separaten Berichts dokumentiert. Im Prüfbericht des Vollprobetests bzw. in der Prüfdokumentation ist dann auf den Bericht über die Warmrauchversuche zu verweisen.

Ein Beispiel für einen Prüfbericht ist im Kapitel 8.1 (Anhang A 1) dargestellt.

Abschließende Bescheinigung der Wirkprinzipprüfung 6.2

Grundsatz

Nach der Muster-Prüfverordnung (MPrüfVO) ist im Rahmen bauordnungsrechtlicher Prüfungen technischer Anlagen das bestimmungsgemäße Zusammenwirken dieser Anlagen (das Wirkprinzip) zu prüfen. Zur Erfüllung dieser Anforderung sind entsprechend den Muster-Prüfgrundsätzen für jede Anlagenart eine Dokumentation der durchgeführten Prüfung und eine Bewertung der Mess- und Prüfergebnisse vorzunehmen. In den Bundesländern, in denen die Muster-Prüfgrundsätze oder eigene Prüfgrundsätze verbindlich sind, muss die Bewertung demnach auch eine Aussage über das Ergebnis der Prüfung der Wechselwirkungen und Verknüpfungen mit anderen Anlagen, entsprechend Abschnitt 5 der Muster-Prüfgrundsätze, enthalten. Mit dem Prüfbericht ist dann für jede Anlagenart abschließend die Wirksamkeit und Betriebssicherheit und ggf. die ordnungsgemäße Beschaffenheit zu bescheinigen, siehe Kapitel 5.

Hinweis: In einigen Bundesländern sind unabhängig von den Prüfberichten separate Bescheinigungen über die durchgeführten Prüfungen an sicherheitstechnischen Anlagen durch den Prüfsachverständigen auszustellen. Die Bescheinigung muss sich dann auch über das bestimmungsgemäße Zusammenwirken dieser Anlagen (die Wirkprinzipprüfung) erstrecken.

Bescheinigung der Wirkprinzipprüfung einfacher Systeme – „kleine Wirkprinzipprüfung"

Einfache Gesamtsysteme haben nur eine geringe Anzahl von einfachen Ansteuerungen weniger Anlagen und die Prüfungsdurchführung erfordert wenig Organisations- und Zeitaufwand. Zum Beispiel die Ansteuerung einer Aufzugsanlage und einer Rauchabzugsanlage durch eine Brandmeldeanlage. Das bestimmungsgemäße Zusammenwirken der Anlagen kann in einer „kleinen Wirkprinzipprüfung" im Rahmen der

Prüfung des ansteuernden Systems mitgeprüft und mit dem Prüfbericht abschließend bescheinigt werden. Dem Bericht ist als Anlage der Prüfplan beizufügen. Dieses Vorgehen in der Dokumentation stellt eine Alternative für einfache Systeme dar und muss in der Anwendung für den Einzelfall jeweils geprüft werden.

Bescheinigung der Wirkprinzipprüfung komplexer Systeme

Objekte mit einer Vielzahl technischer Anlagen und mit komplexen Ansteuerungen erfordern ein strukturiertes Vorgehen in der Vorbereitung, Durchführung und Dokumentation der Wirkprinzipprüfung entsprechend den Arbeitsschritten des Vollprobetests, siehe Kapitel 5.1. Vor der Wirkprinzipprüfung müssen die Einzelanlagen für sich geprüft, frei von wesentlichen Mängeln und mit Prüfberichten dokumentiert sein. Die Wirkprinzipprüfung wird dann gesondert von den Einzelprüfungen durchgeführt. Für die Wirkprinzipprüfung ist eine separate Prüfdokumentation zu erstellen. Gegebenenfalls ist eine separate Bescheinigung nach Landesrecht erforderlich.

In der Praxis gibt es für die Dokumentation der Einzelprüfungen und der abschließenden Bescheinigung des bestimmungsgemäßen Zusammenwirkens bauordnungsrechtlich erforderlicher sicherheitstechnischer Anlagen (Wirkprinzipprüfung) zwei mögliche Abläufe:

Ablauf 1

– Schritt 1: Prüfung der Einzelgewerke und Erstellung der Prüfberichte für die jeweiligen Einzelgewerke bzw. für die Anlagenarten nach Prüfverordnung (Wirkprinzip ausgeklammert)

– Schritt 2: Durchführung der Wirkprinzipprüfung und Erstellung eines separaten Prüfberichts für die Wirkprinzipprüfung

– Schritt 3: Ergänzung der Einzelberichte aus Schritt 1 mit dem Prüfergebnis der Wirkprinzipprüfung und abschließende Bestätigung der Wirksamkeit und Betriebssicherheit durch die beteiligten Prüfsachverständigen

Ablauf 2

– Schritt 1: Prüfung der Einzelgewerke und Erstellung der Prüfberichte für die jeweiligen Einzelgewerke bzw. für die Anlagenarten nach Prüfverordnung (Wirkprinzip ausgeklammert)

– Schritt 2: Durchführung der Wirkprinzipprüfung und Erstellung eines separaten Prüfberichts für die Wirkprinzipprüfung

– Schritt 3: Erstellung einer abschließenden Prüfbescheinigung mit Bestätigung des bestimmungsgemäßen Zusammenwirkens der Anlagen (Wirkprinzipprüfung) und der Wirksamkeit und Betriebssicherheit durch die beteiligten Prüfsachverständigen

Zyklen der Prüfung mit Vollprobetest 7

Die VDI 6010 Blatt 3 orientiert sich bei der Begriffswahl für die Zyklen der Prüfung mit Vollprobetest an den drei im Bauordnungsrecht festgelegten Prüfarten, die auch aus der MPrüfVO von der Anwendung her bekannt sind. Ähnliche Regelungen sind in der BetrSichV gebräuchlich.

7 Zyklen der Prüfung mit Vollprobetest

Es sind die Prüfarten nach Bild 7 zu unterscheiden.

Erster Vollprobetest (Erstprüfung)

Vor der ersten Aufnahme der Nutzung der baulichen Anlage wird empfohlen, einen Vollprobetest durchzuführen, wenn nicht ohnehin eine Wirkprinzipprüfung durchzuführen ist.

Wiederkehrender Vollprobetest

Die Fristen für den regelmäßig wiederkehrenden Vollprobetest können im Prüfbericht vermerkt werden. Ist keine Festlegung getroffen, wird eine wiederkehrende Prüfung mindestens innerhalb einer Frist von drei Jahren empfohlen. Allgemeine bauaufsichtliche Zulassungen erfordern vielfach deutlich kürzere Wartungs- und Prüfintervalle. Gleiches gilt für Prüfungen an technischen Anlagen, die auf Basis einer privatrechtlichen Vereinbarung, z. B. von Versicherern, gefordert werden. Diese Prüfungen haben unabhängig vom Vollprobetest zu erfolgen. Der Vollprobetest ersetzt die erforderlichen Einzelprüfungen nicht.

Vollprobetest nach wesentlicher Änderung

Die Verantwortung für die Veranlassung eines Vollprobetests nach wesentlicher Änderung liegt beim Bauherrn/Betreiber. Es wird empfohlen, einen Sachverständigen zur Beurteilung dieser Notwendigkeit einzubeziehen. Dies kann der Verantwortliche für den Vollprobetest aus der Erstprüfung beziehungsweise der letzten wiederkehrenden Prüfung sein.

ZYKLEN DER PRÜFUNG MIT VOLLPROBETEST		
ERSTER VOLLPROBETEST (ERSTPRÜFUNG)	VOLLPROBETEST NACH WESENTLICHER ÄNDERUNG	WIEDERKEHRENDER VOLLPROBETEST

Bild 7. Prüfarten des Vollprobetests

Erster Vollprobetest (Erstprüfung)

Grundsätzlich wird vor der ersten Aufnahme der Nutzung einer baulichen Anlage empfohlen, einen Vollprobetest für das Zusammenspiel der vorhandenen Anlagen und Einrichtungen durchzuführen. Dabei wird darauf hingewiesen, dass bei dem Vorhandensein von bauordnungsrechtlich prüfpflichtigen Anlagen in vielen Fällen ohnehin eine über die Einzelanlagen hinausgehende Wirkprinzipprüfung durchzuführen ist. Dies resultiert aus den Anforderungen der Muster-Prüfgrundsätze der ARGE-BAU. Hierbei ist insbesondere auch Kapitel 5 dieses Kommentars zu beachten.

Wiederkehrender Vollprobetest

Unter Beachtung der Erfahrungen in anderen europäischen Ländern (z. B. der Schweiz) wird in VDI 6010 Blatt 3 empfohlen, die Fristen für den regelmäßig wiederkehrenden Vollprobetest im Prüfbericht über die Erstprüfung zu vermerken. Dabei ist durch die Beteiligten und den Verantwortlichen für den Vollprobetest darauf zu achten, dass es für einzelne Anlagen innerhalb der jeweiligen Genehmigungsverfahren bundeslandabhängige Vorgaben geben kann, die zu berücksichtigen sind. Dies betrifft in der Praxis häufig wiederkehrende Prüfungen von bauordnungsrechtlichen oder gemäß BetrSichV prüfpflichtigen Anlagen.

Häufig sind dabei die Prüfungen im Rahmen von Wirkprinzipprüfungen betroffen. Aufgrund dessen ist insbesondere eine genehmigungsrechtlich richtige Festlegung im Prüfbericht niederzuschreiben. Es besteht in der Praxis die Möglichkeit, dass sich kürzere Intervalle z. B. aus Anforderungen im Rahmen des Baugenehmigungsverfahrens oder als notwendige Maßnahme zur Erhöhung der funktionalen Sicherheit ergeben können. Beispielhaft ist hier die Verkürzung der Prüffristen für Druckbelüftungsanlagen in Hochhäusern in der Freien und Hansestadt Hamburg zu nennen, wenn anlagentechnisch keine redundanten Anlagen errichtet werden. In der Praxis ist häufig festzustellen, dass es für die Festlegung von Redundanzen zwar Aussagen in Normen bzw. Verwaltungsvorschriften oder Genehmigungsdokumenten gibt, dabei jedoch eine Definition, wie weit die Redundanz gefordert ist, in verschiedenen Fällen unklar bleibt. Dabei ist häufig die Ausbildung von Schaltschränken, Schnittstellen, Anlagen zur Energieversorgung, Bedieneinrichtungen und ähnlichen anlagentechnischen Bestandteilen von dieser unklaren Definition betroffen.

Bei der Bestimmung wiederkehrender Prüffristen für den Vollprobetest ist zu beachten, dass die Festlegungen unabhängig von Prüfungsvorgaben für einzeln zu betrachtende Anlagen, Einrichtungen oder Bauprodukte festzulegen sind. Die Prüfungen der Einzelanlagen an Quellen oder Senken sind zunächst unabhängig vom Vollprobetest durchzuführen und sicherzustellen. Man muss jedoch aus Gründen der Organisation, des Betriebs und der Wirtschaftlichkeit empfehlen, einzelne ohnehin erforderliche Prüfhandlungen an Einzelanlagen und Einrichtungen inhaltlich und zeitlich mit dem wiederkehrenden Vollprobetest durchzuführen und gegebenenfalls die Zyklen aufeinander abzustimmen. Dies betrifft in der Praxis sehr häufig die Prüfung von Ansteuerungen an Rauch- und Wärmeabzugsanlagen, Feuerlöschanlagen sowie die Funktionsfähigkeit verschiedener technischer Anlagen unter Berücksichtigung der Betriebszustände. In vielen Fällen ist als Prüfbedingung für den Vollprobetest die Schwarzschaltung als Betriebszustand zu berücksichtigen.

Dabei sind die einzelnen Betriebszustände der Anlagen insbesondere für Gebäude mit dauerhafter Betriebsbereitschaft, wie Krankenhäuser, Bahnhöfe, Industrieanlagen und Flughäfen, mit einer hohen Herausforderung für die Organisation des Prüfablaufs verbunden.

Vollprobetest nach wesentlichen Änderungen

Ob eine Veränderung an einer technischen Anlage oder Einrichtung eine wesentliche Änderung darstellt und die Notwendigkeit der Durchführung eines außerplanmäßigen Vollprobetests nach sich zieht, muss unter Beachtung verschiedener Kriterien gewissenhaft ermittelt werden. Hierbei besteht in der Praxis häufig eine große Unsicherheit aufgrund der vielfältigen, bereits in vorherigen Punkten dieses Kommentars benannten Grundlagen und Regelwerken. So kann beispielsweise der Austausch einer Automationsstation in einem Schaltschrank der Gebäudeautomation vielfach eine Neuprogrammierung (-parametrierung) der angeschlossenen Komponenten nach sich ziehen. Diese angeschlossenen Komponenten sind im Sinne der VDI 6010 Blatt 3 als Senken häufig wesentlicher Bestandteil des Vollprobetests. Daher wird es sich in diesem Beispiel in der Regel um eine wesentliche Änderung handeln. Dies betrifft häufig den Vollprobetest, aber auch die bauordnungsrechtliche Prüfung der Einzelanlage.

Gleiches ist in vielen Fällen in der Praxis beim vollständigen Austausch einer Brandmeldezentrale festzustellen. Auch wenn der Austausch der Brandmeldezentrale bei gleichbleibendem Fabrikat in vielen Fällen aufwärtskompatibel möglich ist, führt der Austausch der Brandmeldezentrale im Regelfall zur vollständigen Neuprogrammierung der relevanten Brandfallsteuerung. Das heißt, die Komponenten der Brandmeldetechnik, die dann als Signalquelle wirken, bleiben zwar innerhalb der Brandmeldetechnik erhalten, jedoch wird die Programmierung/Parametrierung zur Ansteuerung der Signalsenken neu vorgenommen. Durch die technische Entwicklung bei den Herstellern der Anlagen ist selten die Programmierung der Brandfallsteuerungen in Systeme neuerer Generatlonen ohne Verluste übertragbar. In der Praxis muss man in diesen Fällen häufig feststellen, dass dadurch die vormals funktionsfähigen Ansteuerungen nach dem Austausch der Zentralen nicht wieder wirksam sind. Daher ist auch für diese Situationen sehr häufig ein Vollprobetest nach wesentlicher Änderung notwendig.

Da viele dieser Änderungen an sicherheitstechnischen Anlagen in Gebäuden sich nicht innerhalb eines Verfahrens genehmigungspflichtiger Vorhaben gemäß der Landesbauordnung abspielen, sind unabhängig von Genehmigungsverfahren der Bauherr und in zunehmendem Maße der oder die Betreiber eines Gebäudes oder einzelner Teilnutzungseinheiten dafür verantwortlich, dass der ordnungsgemäße Zustand, wie ehemals genehmigt und für die Nutzung freigegeben, erhalten bleibt.

Gerade bei der Aufteilung in Nutzungseinheiten (z. B. in Einkaufszentren) sind regelmäßig die einzelnen Betreiber meistens nicht in der Lage, die Notwendigkeit eines Vollprobetests nach wesentlicher Änderung richtig festzustellen. Hier entsteht ein erhebliches Haftungspotenzial für die Bauherrn/Betreiber sowohl aus zivil- als auch strafrechtlicher Sicht.

Die Vorgabedokumente, der Prüfplan und die Ergebnisse in Form eines Prüfberichts dienen im weiteren Lebenszyklus eines Gebäudes der regelmäßig wiederkehrenden Feststellung bauordnungsrechtlicher Wirksamkeit und Betriebssicherheit (Wirkprinzipprüfung).

Anhang A – Hilfsmittel für Vollprobetest   8

Anhang A 1 – Musterprüfbericht   8.1

MUSTERPRÜFBERICHT FÜR EINEN VOLLPROBETEST NACH VDI 6010 BLATT 3	
Objektspezifische Angaben	
Auftraggeber/Bauherr	Betreiber
Gebäudenutzung/Art	Adresse Prüfobjekt/Gebäudeteil
Prüfungsspezifische Angaben (Kurzbeschreibung beziehungsweise weitere Anhänge nach VDI 6010 Blatt 3):	
Leitender Prüfsachverständiger Name	Prüfzeitraum/Teilnehmer Datum
Adresse	Zeit
	Prüfbeteiligte

Beschreibung der geprüften Anlagen	Umfang der Prüfungen
Art/Zweck	Prüfszenario:
	(Beschreibung oder Verweis auf Prüfpläne)
Lage/Anordnung	
Bestandteile	
Verknüpfungen/Auslegungsdaten	

Prüfungsgrundlagen

Genehmigungsrechtliche Dokumente	Verordnungen/Technische Regeln
Baugenehmigung	Rechtsvorschriften
Brandschutzkonzept	Technische Regeln
Prüfberichte nach MPrüfVO	

Funktionsprüfungen
(Kurzbeschreibung beziehungsweise weitere Anhänge
nach VDI 6010 Blatt 3)

Beschreibung	Bewertung
Ort	Mess- und Prüfergebnisse
System	Systemsicherheit
Funktion	Mängelbeschreibung und -bewertung
Verwendete Messgeräte/Hilfsmittel	

70

Mängelbeschreibung und Einschätzung:
(Kurzbeschreibung beziehungsweise weitere Anhänge
nach VDI 6010 Blatt 3)

Beschreibung	**Einschätzung**
Mängelart	Weiterbetrieb
Ort	Mängelbeseitigung
Funktion	Behebungsfrist

Bestätigung der Betriebssicherheit und Wirksamkeit der geprüften sicherheitstechnischen Systeme

Hinweise zu Mängelbehebungsfristen und zur Nachprüfung zur Feststellung der Beseitigung von Mängeln

Sonstige Hinweise

Nächster Prüftermin

Bestätigung der Beachtung der Prüfgrundsätze (gilt nur für Wirkprinzipprüfung)

Datum: _____ Unterschrift: _____

Der Musterprüfbericht ist unter Beachtung des Abschnitts 6.2 gegebenenfalls anzupassen

Firma Auftragnehmer
Adresse Auftragnehmer

Name Auftraggeber
Straße Auftraggeber
PLZ und Ort

Bericht- Nr.: XXXXX

Betriebsort

Objekt Bezeichnung 1
Objekt Bezeichnung 2
Objekt Straße
PLZ und Ort

Kunden-/Objekt-Nr.:

Bericht über die Erste Wirkprinzippüfung

Art der Prüfung: Erste Wirkprinzipprüfung **Prüfdatum:**
Prüfung des Zusammenwirkens technischer Anlagen 12.12.2013

Prüfgrundlagen:
- Prüfverordnung Bundesland
- Baugenehmigung AZ Nr. vom Datum
- Prüfgrundsätze in der Fassung 01.07.2011 (Land Brandenburg)

Angaben zum Objekt: Versammlungsstätte mit Bürobereichen mit sicherheitstechnischen Anlagen

Prüfumfang
Wirkprinzipprüfung der Ansteuerungen sicherheitstechnischer Anlagen in den festgelegten Bereichen. Der Ausfall der allgemeinen Stromversorgung mit Umschaltung auf Netzersatzversorgung wurde getestet.

Ergebnis der Prüfung
Die Wirksamkeit und Betriebssicherheit des Zusammenwirkens der sicherheitstechnischen Anlagen wurde anhand der Vorgaben der Baugenehmigung, des Brandschutznachweises, des Brandschutzkonzeptes und weiterer Vorgabedokumente geprüft. Die Prüfung ergab folgende Abweichungen von den Vorgaben:
Die Funktion der Abschaltung der Klimaschränke in den Serverräumen konnte nicht nachgewiesen werden.

Beurteilung der Prüfung
Die Wirksamkeit der Brandfallsteuerungen konnte im Wesentlichen nachgewiesen werden. Der Betrieb der sicherheitstechnischen Anlagen ist ungeachtet der festgestellten Mängel zulässig. Die festgestellten Mängel sind unverzüglich, jedoch spätestens bis zum *Datum* zu beseitigen. Die Beseitigung der Mängel ist schriftlich mitzuteilen. Eine Nachprüfung auf Beseitigung der Mängel ist bis zum *Datum* erforderlich.

Ort, Datum

Die Prüfsachverständigen

Name Unterzeichner 1, Unterzeichner 2, Unterzeichner 3

Der Bericht umfasst 4 Seiten.

Verteiler: 2 x Auftraggeber
1 x Akte

Anlagen: Prüfplan
Ablaufpläne
Deckblatt Prüfunterlagen

Für die Auftragsabwicklung haben wir wesentliche Objektdaten und Ihre Anschrift gespeichert. Der Datenschutz ist gewährleistet.

Abbildung 16: Muster für Prüfbericht als Praxisbeispiel (Seite 1)

1 Aufgabenstellung

Die *Firma Auftragnehmer* wurde beauftragt, die Wirksamkeit und Betriebssicherheit des Zusammenwirkens der sicherheitstechnischen Anlagen in der Umsetzung der Brandfallsteuermatrix und der daraus resultierenden Ansteuerungen sicherheitstechnischer Anlagen in den festgelegten Bereichen zu prüfen. Weiterhin wurde der Ausfall der allgemeinen Stromversorgung mit Umschaltung auf Netzersatzversorgung geprüft.

2 Beurteilungsgrundlagen und Unterlagen

Folgende Unterlagen liegen als Beurteilungsgrundlagen vor:

- Prüfplan für die Wirkprinzipprüfung Nr. vom Datum, erstellt von Name Prüfplanersteller
- Baugenehmigung Aktenzeichen Nr. vom Datum
- Nachtrag zur Baugenehmigung Aktenzeichen Nr. vom Datum
- Brandschutznachweis Nr. vom Datum, erstellt von Name Nachweisersteller
- Brandschutzkonzept Nr. vom Datum, erstellt von Name Konzeptersteller
- Prüfbericht zum Brandschutznachweis Nr. vom Datum, erstellt von Name Berichtersteller
- Konzept der Steuerungen der Brandfallszenarien, Planungsstufe 2, Stand Datum, Index B
- Brandfallsteuermatrix Stand Datum, erstellt von Name Matrixersteller
- Melderverzeichnis der Brandmeldeanlage Stand Datum
- Prüfbericht Erstprüfung Brandmeldeanlage Nr. vom Datum
- Prüfbericht Erstprüfung Alarmierungsanlage Nr. vom Datum
- Prüfbericht Erstprüfung Raumlufttechnische Anlagen Nr. vom Datum
- Prüfbericht Erstprüfung Natürliche Rauchabzugsanlagen Nr. vom Datum
- Prüfbericht Erstprüfung Maschinelle Rauchabzugsanlagen Nr. vom Datum
- Prüfbericht Erstprüfung Sicherheitsstromversorgung Nr. vom Datum
- Prüfbericht Erstprüfung Sicherheitsbeleuchtung Nr. vom Datum
- Prüfbericht Erstprüfung Selbsttätige Feuerlöschanlagen Nr. vom Datum
- Ablaufpläne für Wirkprinzipprüfung vom Datum, erstellt von Name Ablaufplanersteller
- Deckblatt für Prüfunterlagen

Zugrunde liegende Rechtsvorschriften, Richtlinien und technische Regeln:

- Bauordnung Bundesland, Fassung
- Versammlungsstättenverordnung Bundesland, Fassung
- Prüfverordnung Bundesland, Fassung
- Prüfgrundsätze in der Fassung 01.07.2011 (Land Brandenburg)
- VDI 6010 Blatt 3

3 Prüftermine und Teilnehmer

Die Wirkprinzipprüfung wurde an folgenden Terminen durchgeführt:

Prüftermin 1	Datum
Prüftermin 2	Datum
Prüftermin 3	Datum

Abbildung 16: Muster für Prüfbericht als Praxisbeispiel (Seite 2)

Seite 3 von 4
Bericht Nr.: XXXXX

Die an den Terminen geprüften Bereiche und Prüfszenarien sind den Ablaufplänen zu entnehmen, siehe Anlage.

Folgende Teilnehmer haben an den Prüfterminen teilgenommen:

Herr Bauleiter	Firma Bauunternehmen
Herr Betreiber	Firma Betreiber
Herr Errichter	Firma BMA
Frau Lüfter	Firma Lüftung
Frau MSR	Firma MSR
Herr Elektro	Firma Elektroanlagen
Herr Sprinkler	Firma Feuerlösch
Frau Prüfer 1	Firma Wirkprinzipprüfung (leitende Prüfsachverständige)
Herr Prüfer 2	Firma Wirkprinzipprüfung
Herr Prüfer 3	Firma Wirkprinzipprüfung
Herr Brandschutz	Prüfingenieur für Brandschutz

4 Prüfumfang

Die Wirkprinzipprüfung der Brandfallsteuerung erfolgte gemäß Prüfplan (siehe Anlage) in allen festgelegten Bereichen (Bauteilen):

– Bereich 1, Auslöseszenario Nr. 1–8
– Bereich 2, Auslöseszenario Nr. 9–13
– Bereich 3, Auslöseszenario Nr. 14–16

Einschränkungen des Prüfumfangs (Teilprüfungen)
Hinweis zu nicht funktionsfähigen Anlagen

5 Prüfergebnisse

Bereich 1, Saalgebäude

Prüfszenario	Auslöseszenario	Prüfergebnis	Hinweise
1, Melder Nr.	1, Meldebereich UG 1 (TG)	i.O.	keine
2, Melder Nr.	2, Meldebereich UG 2	i.O.	Mängel festgestellt
3, Melder Nr.	3, Meldebereich Atrium	i.O.	keine
4, Melder Nr.	4, Meldebereich EG Saal 1	i.O.	keine
5, Melder Nr.	5, Meldebereich EG Saal 2	i.O.	keine
6, Melder Nr.	6, Meldebereich OG 1	i.O.	keine
7, Melder Nr.	7, Meldebereich OG 2	i.O.	keine
8, Melder Nr.	8, Meldebereich OG 3	i.O.	keine

Abbildung 16: Muster für Prüfbericht als Praxisbeispiel (Seite 3)

Bereich 2, Flügel A

Prüfszenario	Auslöseszenario	Prüfergebnis	Hinweise
9, Melder Nr.	9, Flügel A, UG 1 (TG)	i.O.	keine
10, Melder Nr.	10, Flügel A, UG 2	i.O.	keine
11, Melder Nr.	11, Flügel A, EG 1	i.O.	keine
12, Melder Nr.	12, Flügel A, EG Saal 3	i.O.	keine
13, Melder Nr.	13, Flügel A, OG	i.O.	keine

Bereich 3, Flügel B

Prüfszenario	Auslöseszenario	Prüfergebnis	Hinweise
14, Melder Nr.	14, Flügel B, UG	i.O.	keine
15, Melder Nr.	15, Flügel B, EG	i.O.	keine
16, Melder Nr.	16, Flügel B, OG	i.O.	keine

Umschaltung auf Netzersatzversorgung

Der Ausfall der allgemeinen Stromversorgung mit Umschaltung auf Netzersatzversorgung wurde unter der Prüfbedingung Brandfall mit anschließendem Netzausfall der allgemeinen Stromversorgung für die Prüfszenarien 1, 3, 4 und 9 geprüft. Die Prüfung ergab keine Beanstandungen.

6 Mängel

Nr.	Bereich	Mangelbeschreibung	Bewertung
1	Saalgebäude Meldebereich UG 2 Serverräume	Die Klimaschränke in den Serverräumen werden im Brandfall Szenario 2 nicht abgeschaltet	Einfacher Mangel, ohne Auswirkungen auf angrenzende Bereiche

7 Forderungen und Hinweise

Die festgestellten Mängel sind zu beseitigen. Frist zur Mangelbeseitigung siehe Deckblatt. Die Beseitigung der Mängel ist schriftlich mitzuteilen.

Eine Nachprüfung auf Mangelbeseitigung ist erforderlich.

Eine Wiederkehrende Wirkprinzipprüfung ist gemäß Prüfverordnung binnen 3 Jahren durchzuführen.

Abbildung 16: Muster für Prüfbericht als Praxisbeispiel (Seite 4)

8.2 Anhang A2 – Deckblatt für Prüfunterlagen

A2 Deckblatt für Prüfunterlagen (Muster)

Dieses Deckblatt kann auch für andere Zwischendokumente z. B.

– für einen Prüftermin oder

– zur Dokumentation eines mangelhaften Prüfergebnisses vor Abschluss der Gesamtprüfdokumentation oder anderen Zwischenständen genutzt werden.

Auftraggeber: _____

Auftragsbezeichnung: _____

Verfasser: _____

Prüfinhalt: _____

_____

Änderungshistorie

Version	Änderung	Kürzel	Datum
			…………
			…………

Verteiler

Firma	Name	Anzahl Exemplare

Neben den allgemeinen Angaben, den Angaben zu Änderungen und zum Verteiler sollte das Deckblatt eine Aufstellung aller Prüfunterlagen und wichtiger Dokumente für den Vollprobetest enthalten.

Das oben abgebildete Muster des Deckblatts ist als Darstellung der minimal erforderlichen Informationen zu verstehen. Es wird empfohlen, eine ausführlichere Version, z. B. das folgende Deckblatt, für Prüfunterlagen zu verwenden:

Deckblatt für Prüfunterlagen *(Muster mit Beispielen)*
Dieses Deckblatt kann auch für andere Zwischendokumente z. B.
– für einen Prüftermin oder
– zur Dokumentation eines mangelhaften Prüfergebnisses vor Abschluss der Gesamtprüfdoku-
mentation oder anderen Zwischenständen (Teilprüfungen) genutzt werden.

Allgemeine Angaben

Auftraggeber:	Betreiber GmbH, Hamburg
Auftrag:	Durchführung eines Vollprobetests
Objekt/BV:	Event- und Konzertarena, Musterstraße 13, 12345 Berlin
Verfasser:	Herr Wirksam, Prüfen GmbH
Prüfumfang:	Szenario 1–86; MSR-Ansteuerungen Nachtkühlung
...	*z. B. Prüfunterlagen für Testtag, Teilprüfung, Nachprüfung*

Änderungshistorie

Version	Änderung	Kürzel	Datum
1.0	Geprüfte und freigegebene Prüfanleitung mit Prüfplänen	Wsr	06.08.2014
1.1	Ergänzung Schema Entrauchung 1. UG	Ws	14.09.2014

Verteiler

Firma	Name Bearbeiter	Anz. Exemplare
Betreiber GmbH	Herr Betreiber	2
Firma Facility Management GmbH	Herr Warten	2
Firma Brandmeldetechnik GmbH	Herr Ansteuerung	1
Firma Elektrotechnik	Herr Funken	1
Firma Gebäudetechnikplanung GmbH	Herr Lüfter	1
Firma Messen und Regeln	Herr Regler	2
Firma Prüfen GmbH	Hr. Tester, Hr. Prüfer, Hr. Wirksam	3

Zusammenstellung der Prüfunterlagen / wichtige Dokumente

Dokument	Nr. / Version	Ersteller	Datum
Baugenehmigung	620 - 2013	BA Berlin	06.05.2012
Geprüfter Brandschutznachweis	15-2013	Herr Konzept	14.03.2012
Funktions- und Anlagenschema Rauchabzug	1	Herr Lüfter	01.02.2013
Brandfallsteuermatrix	Version 2.1	Herr Ansteuerung	07.03.2013
Prüfbericht Erstprüfung Brandmeldeanlage	8742690	Herr Prüfer	04.05.2014
Prüfbericht Erstprüfung Rauchabzugsanlage	8742692	Herr Tester	02.05.2014
Prüfplan Wirkprinzipprüfung Szen. 1–86	1.1	Herr Wirksam	15.04.2014
Funktionsschema Nachtkühlung		Herr Lüfter	15.02.2013
Ablauf- und Terminplan Vollprobetest	1.0	Herr Wirksam	06.08.2014

Anhang A 3 – Prüfplan 8.3

Der Prüfplan gemäß Anhang A 3 in der Richtlinie stellt ein Beispiel für ein Prüfszenario dar. Dabei wurden zur Verdeutlichung verschiedener möglicher Senken eine vergleichsweise große Anzahl von Anlagen und Einrichtungen als Senken beispielhaft eingefügt. In der Praxis wird es nicht die große Anzahl von Senken in einem Auslöseszenario bzw. Prüfszenario geben. Die Beispiele bilden kein reales Projekt ab. Vielmehr sollen viele Varianten möglicher Eintragungen in einem Prüfplan beispielhaft dargestellt werden. Erfahrungsgemäß werden mindestens 1–2 Prüfszenarien je Auslöseszenario, z. B. bei unterschiedlichen Prüfbedingungen, geprüft. Daraus ergeben sich zwischen 1–3 DIN-A4-Blätter je Prüfszenario. Der Verantwortliche für den Vollprobetest verteilt Kopien der Prüfpläne an die mitwirkenden Prüfer. Nach Betätigen der auslösenden Quelle der Prüfgruppe prüfen der Verantwortliche für den Vollprobetest und die mitwirkenden Prüfer die Reaktionen der Senken. Im Anschluss führt der Verantwortliche für den Vollprobetest die Ergebnisse in einem Prüfplan zusammen. Dabei sind auch mögliche zusätzliche Fehlauslösungen zu dokumentieren und zu bewerten (siehe beispielhafte Bemerkungen im Prüfplan). Sowohl die Auslöseszenarien als auch die Prüfszenarien sollen eine projektspezifische logische Nomenklatur erhalten. Verantwortlich für die Festlegung der Nomenklatur bleibt der Verantwortliche für den Vollprobetest.

Prüfszenario: **Nr. 001**

A **Prüfplan für den Vollprobetest**	B Stand: 2015-01-02	C	D	E F Prüfdatum, V‹

Prüfszenario:	Brandfall 001 ... *Auswahl aus allen ...*

Bereich/Lage in der baulichen Anlage:	Erdgeschoss Küche ... *Ortsangabe ...*	Auslö

Prüfbedingungen:	*AV-Betrieb*

Senken

Anlage	Komponente	Ort/Raum	Adressierung		
			ISP	Koppel- punkt	Steuer- gruppe
Feuerwehrperipherie					
Übertragungseinrichtung	ÜE	BMZ			
BMA	Blitzleuchte	EG Feuerwehrzugang			
BMA	FSD	EG Feuerwehrzugang			
BMA	FAT	EG Haupteingang			
BMA	FAT	EG Haupteingang			
BMA	FBF	EG Haupteingang			
Alarmierung • **Akustische Alarmierung**					
BMA	Signalgeber	KG		intern	
BMA	Signalgeber	EG Küche		intern	
BMA	Signalgeber	EG betreutes Wohnen		intern	

Name Ersteller Prüfplan
Datum
Version

G	H J K L	M	N
antwortlicher Vollprobetest :	02.01.2015 Max Mustermann (Prüfer 1)		

Prüfgruppe:	Erdgeschoss Ost/Brandabschnitt 3 ... *Meldegruppen, Quellen ...*

ende Quelle der Prüfgruppe:	ORM 105/03 ... *gewählte Einzelquelle ...*
	(z.B. automatische Melder, nicht automatische Melder (Handfeuermelder), Freischaltelement, Strömungsschalter an Löschanlagen, Bewegungsmelder, Füllstandsensoren)

Aktion	Auslösemuster (Sollfunktion)	Prüfergebnis Funktion		Prüfbemerkung	Prüfer	Prüfvermerk X - in Ordnung P-wM - wesentlicher Mangel P-nwW - nicht wesentlicher Mangel
		ja	nein			
Alarmierung Leitstelle	X	/	/	Übertragung zur Leitstelle wurde für Prüfhandlungen außer Betrieb genommen, die Prüfung erfolgte bei der Anlagenprüfung BMA	1	X
Anschalten	X		X	nicht in Funktion	1	P-wM
Freigeben	X	/	/	FSD im Beisein der Brandschutzdienststelle bei der Anlagenprüfung BMA geprüft	1	X
Anzeige Brandalarm (Feuer-Wohnbereich-Flügel-Zimmer-Nr.)	X	X			1	X
Anzeige technischer Alarm		/	/		1	X
Anzeigen	X	X			1	X
DIN-Signalton	X	X			1	X
DIN-Signalton	X	X			1	X
DIN-Signalton	X	X			1	X

Prüfszenario: Nr. 001

Senken

Anlage	Komponente	Ort/Raum	Adressierung		
			ISP	Koppel-punkt	Steuer-gruppe
· Stille Alarmierung					
Schwesternrufanlage	Parallelanzeige	EG Schwestern-dienstzimmer		B10	
Schwesternrufanlage	Parallelanzeige	1.OG Schwestern-dienstzimmer		B11	
Schwesternrufanlage	Parallelanzeige	2.OG Schwestern-dienstzimmer		B12	
· Sprachalarmierung (SAA)					
SAA	Lautsprecher	KG		B20	
SAA	Lautsprecher	EG Speiseräume		B21	
SAA	Lautsprecher	1.OG Veranstaltung		B22	
· Optische Alarmierung					
BMA	Blitzleuchte	KG Aggregateraum		intern	
BMA	Blitzleuchte	EG Spülküche		intern	
BMA	Blitzleuchte	1.OG Maschinenraum		intern	
· Sonstige Alarmierungseinrichtungen					
Gebäudeautomation	GLT	KG GLT-Raum	G01	B01	
Gebäudeautomation	Bedienterminal	EG Brandmelde- und Alarmzentrale	G01	B01	
Telefonanlage	DECT-Telefon	Telefonzentrale			
Dynamische Fluchtweglenkung					
Sicherheitsbeleuchtung	1. Flucht- und Rettungsweg	Treppenraum 1			
Alternativer Rettungsweg	alternativer Rettungsweg	Treppenraum 2			

Name Ersteller Prüfplan
Datum
Version

Aktion	Auslösemuster (Sollfunktion)	Prüfergebnis Funktion		Prüfbemerkung	Prüfer	Prüfvermerk X - in Ordnung P-wM - wesentlicher Mangel P-nwW - nicht wesentlicher Mangel
		ja	nein			
Anzeige Brand EG Ost/Brandabschnitt 3	X		X	Parallelanzeige nicht funktionsfähig	2	P-wM
Anzeige Brand EG Ost/Brandabschnitt 3	X	X			2	X
Anzeige Brand EG Ost/Brandabschnitt 3	X	X			2	X
Warnsignal, Räumungsdurchsage	X	X			3	X
Warnsignal, Räumungsdurchsage	X	X			3	X
Warnsignal, Räumungsdurchsage	X	X			3	X
	X	X			4	X
	X	X			4	X
	X	X			4	X
Meldung und Ausdruck	X	X			5	X
Meldung und Ausdruck	X		X	Ortsangabe unvollständig	5	P-nwM
Anruf Technikpersonal	X	X			5	X
Rettungsweghinweisleuchten	X	X			6	X
Rettungsweghinweisleuchten	X	X			6	X

Prüfszenario: **Nr. 001**

Senken

Anlage	Komponente	Ort/Raum	Adressierung		
			ISP	Koppel-punkt	Steuer-gruppe
Raumlufttechnische Anlagen					
Lüftungsanlage 1	Zuluftventilator	RLT-Zentrale 1	G03	B02	102; 104; 106; 107
Lüftungsanlage 1	Abluftventilator	RLT-Zentrale 1	G03	B02	102; 104; 106; 107
Lüftungsanlage 1	Brandschutzklappe 12 an der Brandwand	RLT-Zentrale 1	G03	B02	102; 104; 106; 107
Lüftungsanlage 1	Brandschutzklappe 14 an der Brandwand	RLT-Zentrale 1	G03	B02	102; 104; 106; 107
Maschinelle Rauchabzugsanlagen					
MRA-Anlage 1 - Zone 1	Ventilator	Entrauchung 1/1	G04	B03	
MRA-Anlage 1 - Zone 2	Ventilator	Entrauchung 1/2	G04	B03	
MRA-Anlage 2	Ventilator	Entrauchung 2	G04	B03	
Zuluftanlage	Ventilator/Klappe	Entrauchung 1/1	G04	B03	
MRA-Anlage 1 - Zone 1	Entrauchungsklappe ERK 01	Entrauchung 1/1	G04	B03	
Rauchschutzdruckanlage					
RDA-Anlage 1	Zuluftventilator	RLT-Zentrale 3	G05	B04	
RDA-Anlage 1	Abströmklappe EG		G05	B04	
RDA-Anlage 1	Abströmklappe 1.OG		G05	B04	
RDA-Anlage 1	Abströmklappe 2.OG		G05	B04	
RDA-Anlage 1	Druckregelklappe		G05	B04	
Natürliche Rauchabzugsanlagen/Öffnung					
NRA-Anlage 1	NRA-Zentrale 1			B51	
NRA-Anlage 2	NRA-Zentrale 2			B52	
Zuluftanlage	Ventilator/Klappe			B53	

Name Ersteller Prüfplan
Datum
Version

Aktion	Auslösemuster (Sollfunktion)	Prüfergebnis Funktion ja	nein	Prüfbemerkung	Prüfer	Prüfvermerk X - in Ordnung P-wM - wesentlicher Mangel P-nwW - nicht wesentlicher Mangel
Abschalten	X	X			5	X
Abschalten	X	X			5	X
Schließen	X	X			5	X
Schließen	X	X			5	X
Einschalten	X	X			6	X
Einschalten						
Einschalten						
Einschalten/Öffnen	X	X			6	X
Öffnen	X	X			6	X
Einschalten	X	X			4	X
Öffnen	X	X			4	X
Öffnen						
Öffnen						
Freigeben	X	X			4	X
Einschalten/Öffnen						
Einschalten/Öffnen						
Einschalten/Öffnen						

85

Prüfszenario: **Nr. 001**

Senken

Anlage	Komponente	Ort/Raum	Adressierung		
			ISP	Koppel-punkt	Steuer-gruppe
Selbsttätige Feuerlöschanlagen					
Vorgesteuerte Sprinkleranlage	Alarmventilstation				
Sprühwasserlöschanlage	Alarmventilstation				
Sonderlöschanlagen	Auslöseeinrichtung				
Nicht selbsttätige Feuerlöschanlagen					
Steigleitungen nass-trocken	Füll- und Entleerungsstation				
Steigleitungen nass-trocken	Druckerhöhungsanlage				
Sonstige					
Aufzuganlagen					
Aufzug	Aufzuganlage Flügel A1			G06	B05
Aufzug	Aufzuganlage Flügel D			G07	B06
Feuerwehraufzug	Aufzuganlage Treppenr. A			G08	B07
Feuerwehraufzug	Gegensprechanlage FW-Aufzug			G08	B07
Feuerschutzabschlüsse					
Rauchschutztür mit FSA	Tür EG Achse B10/Bb-Bc			B101	
Rauchschutztor mit FSA	Tür EG Achse D12-B1/Dd			B102	
Brandschutztür mit FSA	Tor EG Achse A19/Ag-Ah			B103	
Brandschutztor mit FSA	Tor 1.OG Achse D5/Dc-Dd			B104	
Textiler Rauchschutzvorhang				B105	
Textiler Feuerschutzvorhang				B106	
Feuerschutzabschluss Förderanlage				B107	

Name Ersteller Prüfplan
Datum
Version

Aktion	Auslösemuster (Sollfunktion)	Prüfergebnis Funktion		Prüfbemerkung	Prüfer	Prüfvermerk X - in Ordnung P-wM - wesentlicher Mangel P-nwW - nicht wesentlicher Mangel
		ja	nein			
Öffnen						
Öffnen						
Aktivieren						
Öffnen						
Einschalten	X	X			5	X
Evakuierungsfahrt EG	X	X			3	X
Evakuierungsfahrt EG	X	X			3	X
Evakuierungsfahrt EG/Halt FW	X	X			3	X
Einschalten	X	X			3	X
Schließen	X	X			6	X
Schließen	X	X			6	X
Schließen	X	X			6	X
Schließen						
Schließen	X	X			6	X
Schließen	X	X			6	X
Schließen	X	X			6	X

Prüfszenario: **Nr. 001**

Senken

Anlage	Komponente	Ort/Raum	Adressierung		
			ISP	Koppel-punkt	Steuer-gruppe
Sonstige Anlagen					
AMOK-Alarm					
Einbruchmeldeanlage (EMA)					
Fluchttürsteuerung					
Beschallungsanlagen/Medientechnik					
Telefonanlage	Telefonzentrale				
Hebeanlagen					
Schrankenanlagen/Poller					
Zutrittskontrolle					
Maschinen/Geräte					
Gaszufuhr	Magnetventil				
Heizungsanlagen					
Fotovoltaikanlagen	Wechselrichter				
BOS-Objektfunk	Zentrale	BMZ			

Anmerkung:
Beim Auslösen des Prüfszenarios Nr. 001 wurde durch die Prüfsachverständigen festgestellt, dass die Maschinelle Rauchableitung c
der Rauchgasventilator 3 wird angeschaltet. Diese Ansteuerung der maschinellen Rauchableitung ist dem Prüfszenario 006 zugeord
Auslösen des Prüfszenarios Nr. 001 ist ein wesentlicher Mangel, der unverzüglich zu beheben ist.

Name Ersteller Prüfplan
Datum
Version

Aktion	Auslösemuster (Sollfunktion)	Prüfergebnis Funktion		Prüfbemerkung	Prüfer	Prüfvermerk X - in Ordnung / P-wM - wesentlicher Mangel / P-nwW - nicht wesentlicher Mangel
		ja	nein			
Deaktivieren	X	X			1	X
Deaktivieren	X	X			1	X
Deaktivieren						
Abschalten	X	X			6	X
Ansteuern						
Abschalten						
Schließen	X					
Abschalten						
Abschalten	X	X			4	X
Einschalten	X	X			4	X

notwendigen Flurs im Untergeschoss angesteuert wird. Die Entrauchungsklappen ERK 5 und ERK 6 öffnen und
t. Diese Verknüpfung ist im Vorgabedokument Brandfallsteuermatrix korrekt dargestellt. Diese Ansteuerung bei

Beispiel für einen Prüfplan:

Prüfszenario Nr. 001

Dipl.-Ing (FH) Frank Lucka, MEng.
01.10.2014
Version 1.0

Prüfplan für den Vollprobetest

Auslöseszenario Nr.: -1/2/1				Prüfdatum, Verantwortlicher Vollprobetest: 11.11.2014 Frank Lucka (FL)				
				Prüfer: Jörg Balow (JB), Achim Ernst (EAM), Dirk Borrmann (Bor), Steffen Tietze (ST)				
Prüfszenario: 001				Prüfgruppe: Untergeschoss/Brandabschnitt 2/Meldebereich 01				
Bereich/Lage in der baulichen Anlage: Untergeschoss				auslösende Quelle der Prüfgruppe: Meldegruppe 1 - Melder 1 (1/1)				
Prüfbedingungen: AV-Betrieb / SV-Betrieb / Umschaltung				(z. B. automatische Melder: nichtautomatische Melder (Handfeuermelder), Freischaltelement, Strömungsschalter an Löschanlagen, Bewegungsmelder, Füllstandssensoren, ...)				

Senken

Spaltenkennung: A Anlage, B Komponente, C Ort/Raum, D Adressierung, E F, G Aktion, H Auslösemuster (Sollmuster), J/K Prüfergebnis Funktion (ja / nein), L Prüfbemerkung, M Prüfer, N Prüfvermerk

Prüfvermerk: X = in Ordnung; P-wM = wesentlicher Mangel; P-nwM = nicht wesentlicher Mangel

Anlage	Komponente	Ort / Raum	ISP	Koppel-punkt	Steuer-gruppe	Aktion	Auslöse-muster (Soll)	ja	nein	Prüfbemerkung	Prüfer	Prüfvermerk
Feuerwehrperipherie												
Übertragungseinrichtung	UE	BMZ				Alarmierung Leitstelle	X			bei BMA-Einzelprüfung	FL	X
BMA	Blitzleuchte	Feuerwehrzugang EG				Anschalten	X	X		nicht in Funktion	FL	P-wM
BMA	FSD	Feuerwehrzugang EG				Freigeben	X			bei BMA-Einzelprüfung	FL	X
BMA	FAT	Haupteingang EG				Anzeige Brandalarm	X		X	keine	FL	X
BMA	FAT	Haupteingang EG				Anzeige technischer Alarm	X		X		FL	X
BMA	FBF	Haupteingang EG				Anzeigen	X		X	keine	FL	X
Alarmierung												
- Akustische Alarmierung												
BMA	Signalgeber	KG	intern			DIN Signalton	X	X		keine	JB	X
BMA	Signalgeber	Küche EG	intern			DIN Signalton	X	X		keine	JB	X
BMA	Signalgeber	betreutes Wohnen EG	intern			DIN Signalton	X	X		keine	JB	X
- Stille Alarmierung												
Schwesternrufanlage	Parallelanzeige	EG / Schwestern-dienstzimmer	B10			Anzeige Brand UG/BA 3/Umkleideräume	X		X	Parallelanzeige nicht funktionsfähig	EAM	P-wM
- Sprachalarmierung (SAA)												
- Optische Alarmierung												
- Sonstige Alarmierungseinrichtungen												
Gebäudeautomation	GLT	KG GLT-Raum	G01	B01		Meldung und Ausdruck	X	X		keine	Bor	X
Dynamische Fluchtweglenkung												
Raumlufttechnische Anlagen												
Lüftungsanlage 1	Zuluftventilator	RLT-Zentrale 1	G03	B02	102; 104; 106; 107;	Abschalten	X	X		keine	Bor	X
Lüftungsanlage 1	Abluftventilator	RLT-Zentrale 1	G03	B02	102; 104; 106; 107;	Abschalten	X	X		keine	Bor	X
Lüftungsanlage 1	BSK/III/ZU/1	RLT-Zentrale 1	G03	B02	102; 104; 106; 107;	Schließen	X	X		keine	Bor	X
Lüftungsanlage 1	BSK/III/AB/3	RLT-Zentrale 1	G03	B02	102; 104; 106; 107;	Schließen	X	X		BSK-Antrieb defekt	Bor	P-wM

Prüfplan - 1_2_01: Matrix

Prüfszenario **Nr. 001**

Dipl.-Ing. (FH) Frank Lucka, MEng.
01.10.2014
Version 1.0

Senken

Anlage	Komponente	Ort / Raum	ISP	Koppel-punkt	Steuer-gruppe	Aktion	Auslösemuster (Sollfunktion)	Prüfergebnis Funktion ja	Prüfergebnis Funktion nein	Prüfbemerkung	Prüfer	Prüfvermerk
Maschinelle Rauchabzugsanlagen												
Rauchschutzdruckanlage												
Natürliche Rauchabzugsanlagen / Öffnung												
NRA-Anlage 1	NRA-Zentrale 1			B51		Einschalten / Öffnen		X			ST	X
Aufzugsanlagen												
Aufzug	Aufzugsanlage Flügel A1		G06	B05		Evakuierungsfahrt EG	X	X		keine	EAM	X
Feuerschutzabschlüsse												
Rauchschutztür mit FSA	Tür UG Achse B10/Bb-Bc	Aufzugsvorraum		B101		Schließen	X	X		keine	EAM	X
Sonstige Anlagen												
Gaszufuhr	Magnetventil	Heizzentrale	G09	BG1	108	Schließen	X	X			JB	X

Prüfvermerk:
P n.w.M. = nicht wesentlicher Mangel
P w.M. = wesentlicher Mangel;
X = in Ordnung

Bemerkung:
Beim Auslösen des Prüfszenarios Nr. 001 wurde durch die Prüfsachverständigen festgestellt, dass die Maschinelle Rauchableitung der Lagerräume im Untergeschoss angesteuert wird. Die Entrauchungsklappen ERK 5 und ERK 6 öffnen und der Rauchgasventilator 3 wird angeschaltet. Diese Ansteuerung der maschinellen Rauchableitung ist dem Prüfszenario 006 zugeordnet. Diese Verknüpfung ist im Vorgabedokument Brandfallsteuermatrix korrekt dargestellt. Diese Ansteuerung bei Auslösen des Prüfszenarios Nr. 001 ist ein wesentlicher Mangel, der unverzüglich zu beheben ist.

Abbildung 17: Beispiel für einen Prüfplan

8.4 Anhang A4 – Liste der Beteiligten am Vollprobetest

A4 Liste der Beteiligten am Vollprobetest (Muster)

- Bauherr/Auftraggeber
- Generalunternehmer
  - Bau
  - Technik
- Einzelgewerke: Ausführung
  - Elektrotechnik
  - BMA
  - Gebäudeautomation
  - Lüftung
  - Fassade
  - Türen
  - Aufzüge
  - Zutrittskontrolle
  - usw.
- Planungsbeteiligte
  - Generalplaner/Architekt
  - Technische Gebäudeausrüstung
  - Elektro/BMA
  - Brandschutzsachverständige
  - usw.
- Technische Sachverständige
  - leitender Prüfsachverständiger
  - BMA
  - Lüftung
  - Löschanlagen
  - usw.
- Genehmigungsbehörden
  - Bauaufsichtsamt
  - Brandschutzdienststelle
  - Amt für Arbeitsschutz
  - usw.
- Betreiber/Facility-Management
  - Brandschutzbeauftragte
  - technisches Management
  - usw.

Je nach Art des Vollprobetests (siehe auch Abschnitt 5.6) stehen für die eigentliche Durchführung der Tests unterschiedliche Beteiligte im Vordergrund.

Bei Bestandsgebäuden sind vor allem die Betreiber bzw. das Facility-Management gefordert. Je nachdem, was getestet wird, sind weitere Beteiligte notwendig (z. B. Elektrofachkraft oder Energieversorger für die Schwarzschaltung, Mietervertreter bei Test in Verkaufsflächen in einem Einkaufszentrum).

Bei Neubauten werden vor allem Fachunternehmer und Systemlieferanten sowie bei Bedarf Fachplaner benötigt. Für die eigentlichen Prüfaufgaben empfiehlt sich der Einsatz von „Schiedsrichtern" (idealerweise Mitarbeiter des Bauherrn und/oder des späteren Betreibers), die das Interesse haben, dass alle Mängel erkannt und dokumentiert werden.

Die Liste der Beteiligten kann je nach installierten Anlagen bzw. Systemen noch erweitert werden (nicht abschließend):

- Generalübernehmer
- Planungsbeteiligte (Fachplaner zu den unten aufgeführten Einzelgewerken)
- ausführendes Unternehmen der Einzelgewerke:
  - Sprinkleranlage
  - Gasmeldeanlagen
  - Gaslöschanlage
  - Sicherheitsleitsystem
  - Klimatechnik
  - Heizungsanlage
  - Rauch- und Wärmeabzugsanlagen
  - Rauchschutzdruckanlagen
  - Beschattungsanlagen
  - Toranlagen
  - Rolltreppen und -bänder
  - Schrankenanlagen
  - Geschirrförderanlagen
  - Müllabwurfanlagen
  - Presscontaineranlagen
  - Einbruchmeldeanlagen
  - Pumpenanlagen
  - EDV-Systeme
  - Produktionsanlagen und deren Teilanlagen

- medientechnische Anlagen
- usw.

Prinzipiell kann und muss diese Liste um alle Verantwortlichen für technische Anlagen, die in einem Gesamtsystem integriert sind bzw. sein können, für das jeweils betroffene Gebäude erweitert werden.

Anhang A5 – Ablaufplan   8.5

Ablaufplan für Vollprobetest / Wirkprinzipprüfung

Anlass:	Wirkprinzipprüfung, Prüftag 3
Datum / Ort:	**18.09.2013 Ort: Neubau Ltg. Beispiel Muster (BLM)**
Anwesende:	siehe Teilnehmerliste

Was	Wer	Wann
1. Vorbesprechung Bauleitungscontainer	Alle, ohne Team Feuerlösch	8:00–8:30
2. Ausfall allgemeine Stromversorgung – 1. bei laufender Entrauchung – 2. bei Normalbetrieb und anschließender Auslösung	Team 1 – BMA Team 2 Team 3 Team SSV	8:30–9:15
3. Brandfallsteuerung – Aufzüge – Brand im UG – Brand im EG – Brand im 1. OG – Brand im 2. OG – Brand im 3. OG – Brand im 4. OG	Team 1 – BMA Team 2 Team 3 Aufzugsfirma	9:15–10:30
Kaffeepause	Alle	10:30–10:45
4. SAA-Beschallungsanlage – Konferenzräume – Plenarsaal	Team 1 – BMA Team 2 Team 3	10:45–11:30
5. Brandfallsteuerung 1. UG – Tiefgarage Ost – Tiefgarage West	Team 1 – BMA Team 2 Team 3	11:30–12:30
6. Brandfallsteuerung 1. UG – Kältezentrale	Team 1 – BMA Team 2 Team 3	12:30–13:00

Mittagspause	Alle	13:00–13:45
7. Brandfallsteuerung Gaslöschanlage – Serverraum Ost – Serverraum West	Team 1 – BMA Team 2 Team 3 Team Feuerlösch	14:00–15:00
8. Brandfallsteuerung Sprinkleranlage – Auslösung Alarmprobehahn – Simulation Strömungsmelder (7 Stk.)	Team 1 – BMA Team 2 Team 3 Team Feuerlösch	15:00–16:30
9. Nachbesprechung – Bauleitungscontainer	Alle, ohne Team SSV ohne Aufzugsfirma	16:30–17:00

Ort, Datum
Name Verfasser

Anlagen: Teilnehmerliste
            Teamliste
            Prüfpläne

Anhang B – Musterverhaltensregeln 8.6

Anhang B Musterverhaltensregeln

(für nicht direkt beteiligte Personen während des Vollprobetests)

Um einen reibungslosen Ablauf des Vollprobetests zu gewährleisten, müssen einige Bedingungen erfüllt beziehungsweise Störungen der Tests unterbunden werden.

Personen, die in zu testenden Bereichen tätig sind, können durch ihr Verhalten maßgeblich zum Gelingen oder Misslingen des Vollprobetests beitragen. Die betroffenen Personen sind rechtzeitig vor den Tests über den Zeitrahmen und die zu testenden Bereiche zu informieren. Am Tag der Durchführung des Vollprobetests selbst wird die Information wiederholt.

In den zu testenden Bereichen sind Eingriffe zu verhindern, die das Testergebnis verfälschen können z. B.:

– Öffnen geschlossener Türen

   Wichtiger Hinweis: Ist das Durchschreiten geschlossener Türen nicht zu umgehen, sind diese anschließend wieder umgehend zu schließen.

– Schließen geöffneter Türen

– Stromausfälle

– Außerbetriebsetzen von Aufzügen

– Freischaltung blockierter Aufzüge

– Außerbetriebsetzen von Lüftungsanlagen

– Außerbetriebsetzen von Komponenten (Nachströmung, beziehungsweise Abströmung) von Rauch- und Wärmeabzugsanlagen

– Deaktivierung von Alarmsystemen

– Bedienung sonstiger, für den Vollprobetest relevanter Objekte und/oder Systeme (Brandmeldeanlage, Sprinkleranlage, Feuerwehrbedienstellen, Brandschutzklappen usw.)

– Tests an den für den Vollprobetest relevanten Objekten beziehungsweise Systemen

– vor den oder während der Tests durchgeführte Aktionen, die die Funktion der getesteten Objekte und/oder Systeme beeinträchtigen könnten

Die oben stehende Liste stellt ein Muster dar. Sie ist nach einer projektspezifischen Analyse der potenziellen Einflussfaktoren, die den jeweiligen Vollprobetest negativ beeinflussen können, entsprechend anzupassen.

Eine frühzeitige und bel Bedart wiederholte Information über die Inhalte der Musterverhaltensregeln ist sinnvoll und notwendig. Das Einhalten der Verhaltensregeln kann den Erfolg, aber auch den Misserfolg eines Vollprobetests maßgeblich beeinflussen.

Anhang C – Beispiel zur Vorbereitung eines Vollprobetests

8.7

Anhang C Beispiel zur Vorbereitung eines Vollprobetests

C1 Beispiele für Inhalte und Einflüsse

Beispiele für Inhalte

- geplante Prüfhandlungen
- notwendige Vorbereitungen
- notwendige Teilnehmer (Teamzusammenstellung)
- Auflistung der notwendigen Unterlagen

Beispiele für Einflüsse

- Testbereitschaft der Systeme
- Betriebsspezifische Abläufe (z. B. in Krankenhäusern, Verkaufsstätten, Industrie)
- Rückstellung von ausgelösten Systemen
- Reaktionszeiten der Systeme
- Netzabschaltung/Netzwiederkehr
- notwendige zeitliche Abläufe der Vorbereitung und Prüfung
- Verfügbarkeit notwendiger Vorrichtungen, Medien und Kommunikationsmittel (z. B. Funkgeräte)
- Verfügbarkeit des Prüf- und Hilfspersonals (Optimierung der Prüfabläufe)

C2 Beispiel für notwendige Schritte zur Vorbereitung für einen Testtermin

Schritt 1

- Grobplanung der Termine für die Testtage
- Schnittstellenfestlegung
- Abklärung der Verantwortlichkeiten und Aufgabenstellungen
- gegebenenfalls Prüfung der Voraussetzungen für Funkverbindungen

Schritt 2

- Vorinformation aller durch die Tests betroffenen Gebäudenutzer
- Planung Materialbedarf (Funkgeräte, Leitern, Leuchten usw.)
- Grobplanung Personalbedarf
- Festlegung der Testtermine (mit Zeitangabe)
- Detaillierung der Zuordnung der Aufgaben

– Vorbereitung der Prüfpläne für die einzelnen Auslöseszenarien (inklusive Übersichts- und Objektplänen zur Orientierung) sowie der gegebenenfalls benötigten weiteren Grundlagen

Schritt 3

– Detailplanung der einzelnen Testtage inklusive detaillierter Zeitfenster

– Information zu den jeweiligen Testtagen an:

* Betreiber beziehungsweise Facility-Services

* Brandschutzdienststelle

* Bauaufsicht oder Prüfingenieur

* Testteilnehmer (siehe Anhang A4)

* Fachunternehmer

* mögliche weitere Betroffene

– Einladungen erstellen und versenden

– Planung des genauen Ablaufs der Tests

Schritt 4

– Detailplanung Personal- und Materialbedarf auf Basis der Prüfpläne

– Sicherstellung Materialbeschaffung (Funkgeräte, Leitern, Leuchten usw.)

– Sicherstellung Zugänglichkeit zu allen Testflächen und Verkehrswegen

Schritt 5

– Verifizierung

* der Termine der einzelnen Testtage inklusive detaillierter Zeitfenster

* der für die einzelnen Tests benötigten Testunterlagen

– Definitive Herstellung Testbereitschaft sichergestellt (alle die für den Vollprobetest relevanten Teilsysteme und Objekte sind erfolgreich ausgetestet)

– Meldung Testbereitschaft an Verantwortlichen für Vollprobetest

Schritt 6 – Vorbereitung am Testtag

– gegebenenfalls Vorbegehung

– Information an die Leitstelle der Feuerwehr

– gegebenenfalls Information an interne Alarmzentrale und/oder internes Sicherheitspersonal

Schritt 7 – Vorbesprechung

– Begrüßung

– Erstellung Teilnehmerliste (inklusive Mobiltelefonnummern, E-Mail-Adressen)

– Einführung Teilnehmer (Zweck des Tests, Vorgehen, Funkdisziplin, Treffpunkt, besondere Anforderungen, Begriffe, Abkürzungen, Rückmeldungen)

– Übersicht über Prüfszenarien

– Detailablauf erläutern

  • Prüfung Grundzustand gemäß Prüfanleitung

  • Auslösung Brandmelder

  • Prüfung Brandfallsteuerungen

  • Ausfüllen des Prüfplans

– Definition Standort(e) der Testleitung

– Überprüfung:

  • definitive Testbereitschaft (BMA, Auslösezonen, Objekte/Systeme)

  • Personalbestand

  • Material (Schlüssel für die Rückstellung von Anlagen/Systemen, Funkgeräte, Leitern, Leuchten usw.)

  • Verpflegung

  • Zugänglichkeit zu allen Testflächen und Verkehrswegen

  • notwendige Deaktivierungen

  • sind notwendige Abmeldungen (z. B. Feuerwehr, Alarmzentrale(n)) erfolgt?

  • Notwendigkeit der Information an Betroffene

  • spezieller Rahmenbedingungen

  • Schwarzschaltung möglich (sofern an diesem Testtag vorgesehen)

– Festlegung nächster Termin (für Personen, die gegebenenfalls vorzeitig gehen)

– Information zu den bevorstehenden Tests an alle Betroffenen (gegebenenfalls Durchsage via Lautsprechersystem)

Schritte 8 bis *n* – Vorbereitung der einzelnen Tests

- Bezug Standort des Testleiters für den jeweiligen Test
- Testablauf im Detail durchsprechen
- Verteilung Rollen (zu prüfende Objektgruppen, Kommunikation usw.)
- Verteilung der Unterlagen
- ausreichend Zeit für Unterlagenstudium
- Möglichkeit für Verständnisfragen
- gegebenenfalls Treffpunkt nach Test festlegen
- Verteilung Funkgeräte/Test Funkverbindungen (Funkliste)
- Anzahl der in Gruppen eingeteilten Personen (Helfer) vermerken
- gegebenenfalls Durchsage über spezifische Einflüsse des betroffenen Tests

Die oben stehende Liste stellt ein Muster für die Vorbereitung eines Vollprobetests dar. Sie ist projektspezifisch anzupassen bzw. zu ergänzen.

Sofern im Rahmen einer Wirkprinzipprüfung bzw. eines Vollprobetests Warmrauchversuche durchzuführen sind, sind weitere Vorbereitungsschritte einzuplanen.

Die Vorbereitung des Vollprobetests hat einen großen Einfluss auf den Ablauf, die Dauer und den Erfolg des Tests. Daher ist sie von einem befähigten Spezialisten zu koordinieren.

Anhang D – Beispiele für Funktionsprinzipien von Übertragungswegen

8.8

Im Anhang D der Richtlinie sind Beispiele für den technischen Aufbau der Schnittstelle zwischen zwei Systemen zu finden. In der Normung von Brandmeldeanlagen (hier speziell DIN 14674) werden ansteuernde Systeme (Quellen) bzw. anzusteuernde Systeme (Senken) unterschieden.

Beispiel für Quellen gemäß DIN 14674:

– Brandmeldeanlage (Quelle als System)

Beispiel für Senken gemäß DIN 14674:

– Rauchabzugsanlage (Senke als System)

Dabei geht die Normung davon aus, dass die Schnittstellen durch die jeweiligen Systeme genormt und eindeutig beschrieben sind. In der Praxis werden Systeme verbunden, deren Schnittstellen bisher nicht eindeutig beschrieben sind (bis auf die Einzelfallbetrachtungen von Systemnormen, wie die Standardschnittstelle Löschen zwischen einer Brandmeldeanlage und einer Löschanlage). Die Standardschnittstelle „Löschen" wird in der VDS 2496 und in der DIN VDE 0833-2 erläutert

Wird z. B. eine Rauchabzugsanlage durch eine Brandmeldeanlage angesteuert, sind u. a. folgende Fragen zu klären:

– Welches System überwacht die Schnittstelle zu beiden Systemen?

– Welche Zustände muss welches System annehmen bei der Störung der Schnittstelle?

– Gibt es ein System, das bei Störung der Schnittstelle in einen sicheren Zustand wechseln muss?

– Muss ein System trotz Störung funktionieren?

Die vorgenannten Fragen sind bei der Erstellung des Brandschutzkonzepts zu klären und dann im weiteren Projektverlauf technisch umzusetzen. Hier Beispiele für Umsetzungen der Schnittstelle:

– Eine Rauchabzugsanlage soll bei gestörtem Übertragungsweg in den für den Brandfall vorgesehenen Betrieb gehen.

  → Die Rauchabzugsanlage überwacht den Übertragungsweg z. B. auf Kurzschluss, Erdschluss und Drahtbruch und geht im Fehlerfall automatisch in einen durch den Brandschutzfachplaner zu definierenden Zustand.

– Bei einer Störung des Übertragungswegs wird an einer ständig besetzten Stelle eine Meldung ausgelöst.

  → Der Übertragungsweg zu einer sicherheitstechnischen Anlage wird durch die Brandmeldeanlage überwacht und bei Störung des Übertragungswegs wird eine technische Störung angezeigt.

In der DIN 14674 weiden Übertragungswege (ÜW) der Klassifikationen ÜW 1, ÜW 2 und ÜW 3 unterschieden (Abbildung 18).

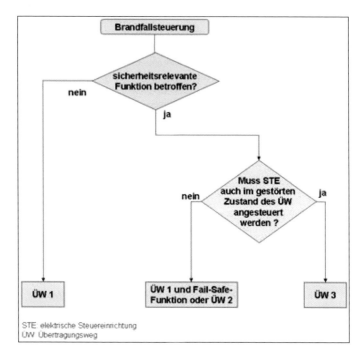

Abbildung 18: Bewertungsschema zur Auswahl des Übertragungswegs in Anlehnung an DIN 14674 (Quelle: VDI 6010 Blatt 2)

Die Ausprägung des Übertragungswegs muss unter Berücksichtigung der vorgenannten Sachverhalte mit dem Brandschutzfachplaner, den jeweiligen Planern der verknüpften Systeme und den Planern der Übertragungswege festgelegt werden. Gemäß der Erläuterung im Anwendungsbereich der DIN 14674 sind Mindestanforderungen an die anlagenübergreifende Vernetzung von Brandmeldeanlagen mit anderen Brandschutzanlagen sowie mit brandschutzfremden Anlagen enthalten. In der Praxis ist derzeit festzustellen, dass die Mehrheit der Fachleute des Brandschutzes und für brandschutzfremde Anlagen diese technische Regel noch nicht berücksichtigen. Dieses grundsätzliche Herangehen sollten sowohl die Bearbeiter des sicherheitstechnischen Steuerungskonzepts, die Ersteller von Funktions- und Schnittstellenmatrizen bzw. von Brandfallsteuermatrizen sowie der Verantwortliche für den Vollprobetest berücksichtigen. Die Anforderungen der DIN 14674 sind von allen Planern und Errichtern von Teilsystemen, die miteinander verbunden werden, zwingend zu beachten.

Eine Hilfestellung zum Aufbau der jeweiligen Schnittstelle gibt der Anhang D der VDI 6010 Blatt 3. Weitere Hinweise sind unter Kapitel 4.2 Kommunikationsbeziehungen zu finden.

Bezeichnung: Funktionsprinzip/Übertragungsweg nach DIN 14674	Prinzipschaltung: Ansteuerseite Empfangsseite	Anwendungsbeispiele	Funktionsprüfung
N: Nicht überwachte Ansteuerung/ÜW1		zur Ansteuerung nicht sicherheitsrelevanter Geräte (nicht zur BMA gehörig); über Relais oder direkt	Störung: • Kurzschluss des ÜW darf keine negative Rückwirkung auf die BMZ haben. • Der zur Ansteuerung erforderliche Strom ist in die Energiebilanz der BMZ einzubeziehen. Bestätigen des Kontakts „k_{AL}": → Steuerung ein
SST: a) Ruhestromüberwachung; verschiedene Widerstände zur Erzeugung von Ruhe- und Alarmstrom/ÜW2 Empfangsseitige Überwachung		zur Übertragung sicherheitsrelevanter Signale (z. B. Ansteuerung einer Feuerlöschanlage) für die Ansteuerung von Löschanlagen sind Widerstandswerte (RR:3K3; RA:680E) festgelegt (siehe auch VdS 2496)	Änderung des Ruhestroms durch Öffnen oder Kurzschließen des ÜW: → Störungsmeldung Bestätigen des Kontakts „k_{AL}": → Steuerung ein Schwellen: Ströme abhängig von Messspannung am Empfänger (2 V bis 30 V)
R: Ruhestromüberwachung; direkte Überwachung über Lastwiderstand/ÜW2 Ansteuerseitige Überwachung		zur Ansteuerung von nicht allzu niederohmiger Last (z. B. Signalgeber)	Änderung des Ruhestroms durch Öffnen oder Kurzschließen des ÜW: → Störungsmeldung Bestätigen des Kontakts „k_{AL}": → Steuerung ein Schwellen: siehe Angaben des Herstellers
UF-Ohm: Flussspannungsüberwachung; Messung der Flussspannung (UF) einer Diode/ÜW2 Ansteuerseitige Überwachung		zur Ansteuerung niederohmiger Last (z. B. Anzeigen, Warnleuchten)	Änderung der Überwachungsspannung durch Öffnen oder Kurzschließen des ÜW: → Störungsmeldung Bestätigen des Kontakts „k_{AL}": → Steuerung ein Schwellen: siehe Angaben des Herstellers

Bezeichnung: Funktionsprinzip/Übertragungsweg nach DIN 14674	Prinzipschaltung: Ansteuerseite Empfangsseite	Anwendungsbeispiele	Funktionsprüfung
UF-ind: Flussspannungsüberwachung; Messung der Flussspannung (UF) einer Diode/ÜW2 Ansteuerseitige Überwachung	*(Prinzipschaltbild: Überwachungssignal, k_{AL}, ÜW, U_F)*	zur Ansteuerung niederohmiger, induktiver Last (z. B. Magnetventile, Relais)	Änderung der Überwachungsspannung durch Öffnen oder Kurzschließen des ÜW: → Störungsmeldung Bestätigen des Kontakts „k_{AL}": → Steuerung ein Schwellen: siehe Angaben des Herstellers
PRev: Ruhestrommessung mit Polaritätsumkehr/ÜW2 Ansteuerseitige Überwachung	*(Prinzipschaltbild: $U(f)_{Überw.}$, k_{AL}, ÜW, $U_{Ü}$)*	zur Ansteuerung niederohmiger, induktiver Last (z. B. Magnetventile, Relais)	Änderung des Ruhestroms durch Öffnen oder Kurzschließen des ÜW: → Störungsmeldung Bestätigen des Kontakts „k_{AL}": → Steuerung ein Schwellen: siehe Angaben des Herstellers
FSN-rel: Fail-Safe-Steuerung; Nicht überwacht/ÜW1 mit Fail-Safe-Funktion	*(Prinzipschaltbild: nc, k_{AL}, ÜW)*	zur Ansteuerung niederohmiger, induktiver Last (z. B. Umsteuerventil (TAV), FSA-Türhaftmagnet, Relais), wenn bei einem Fehler im Übertragungsweg die anzusteuernde Einrichtung in eine sichere Lage fallen soll	Ruhesituation: UB(„+") steuert über den ÜW die induktive Last an; Kontakt „nc" ist offen. Öffnen oder Kurzschließen des ÜW: → Kontakt „nc" geschlossen (Steuerung ein) Öffnen des Kontakts „k_{AL}": → Relais fällt ab und Kontakt „nc" schließt (Steuerung ein) Im spannungsfreien Zustand der Anlage Kontakt „nc" geschlossen.
FSN-oc: Fail-Safe-Steuerung; Nicht überwacht/ÜW1 mit Fail-Safe-Funktion	*(Prinzipschaltbild: nc, k_{AL}, ÜW)*	zur Ansteuerung eines Optokopplers, wenn bei einem Fehler im Übertragungsweg die anzusteuernde Einrichtung in eine sichere Lage fallen soll	Ruhesituation: UB(„+") steuert über „R" und den ÜW den Optokoppler an; Ausgang des Schmitt-Triggerinverters ist nicht angesteuert („Low"). Öffnen oder Kurzschließen des ÜW: → Ausgang des Schmitt-Triggerinverters ist angesteuert („high"; Steuerung ein)

Bezeichnung; Funktionsprinzip/Übertragungsweg nach DIN 14674	Prinzipschaltung: Ansteuerseite Empfangsseite	Anwendungsbeispiele	Funktionsprüfung
FSÜ-rel/-oc: Fail-Safe-Steuerung; Überwacht/ÜW2 mit Fail-Safe-Funktion Ansteuerseitige Überwachung		zur Ansteuerung eines Relais beziehungsweise Optokopplers, wenn bei einem Fehler im Übertragungsweg die anzusteuernde Einrichtung in eine sichere Lage fallen soll; überwacht	Ruhesituation: $UB_{(„+")}$ steuert über den ÜW das Relais beziehungsweise den Optokoppler an; Kontakt „nc" ist geöffnet beziehungsweise Ausgang des Schmitt-Triggerinverters ist nicht angesteuert („low"). Öffnen oder Kurzschließen des ÜW: → Störungsmeldung → Kontakt „nc" geschlossen/beziehungsweise Ausgang des Schmitt-Triggerinverters ist angesteuert („high", Steuerung ein) Öffnen des Kontakts „k_{AL}": → Ansteuerung des Relais/beziehungsweise des Optokopplers unterbleibt und Kontakt „nc" ist geschlossen/beziehungsweise Ausgang des Schmitt-Triggerinverters ist angesteuert („high", Steuerung ein) Im spannungsfreien Zustand der Anlage ist der Kontakt „nc" geschlossen.
Loop1: b), d) Digitale Überwachung aller Komponenten; Bedingt kurzschlusstolerante Ringstruktur; Kurzschlussisolatoren (KSI) in allen Komponenten enthalten/ÜW2 Ansteuerseitige Überwachung		zur einzelnen, adressierten Steuerung mehrerer Ausgänge; bedingt kurzschlusstolerant durch Kurzschlussisolatoren in allen Komponenten; Baugruppen hinter der Kurzschlussstelle nicht mehr funktionsfähig	Änderung des Datenverkehrs durch Öffnen oder Kurzschließen des ÜW an verschiedenen Stellen: → Störungsmeldung → Baugruppen bis zur Kurzschlussstelle bleiben funktionsfähig; dahinter nicht Auslösen der betreffenden Brandfallsteuerung → Steuerung ein
Loop2: b), c), d) Bidirektionale, digitale Überwachung aller Komponenten; In Gruppen kurzschlussisolatoren (KSI) an relevanten Stellen zu installieren/ÜW2 Ansteuerseitige Überwachung		zur einzelnen, adressierten Steuerung mehrerer Ausgänge; in Gruppen kurzschlusstolerant durch Kurzschlussisolatoren	Änderung des Datenverkehrs durch Öffnen oder Kurzschließen des ÜW an verschiedenen Stellen: → Störungsmeldung → Das kurzschlussfreie Segment bleibt funktionsfähig. Auslösen der betreffenden Brandfallsteuerung: → Steuerung ein

Bezeichnung: Funktionsprinzip/Übertragungs- weg nach DIN 14674	Prinzipschaltung: Ansteuerseite Empfangsseite	Anwendungsbeispiele	Funktionsprüfung
Loop3; b), c), d) Bidirektionale, digitale Überwachung aller Komponenten; Kurzschlusstolerante Ringstruktur; Kurzschlussisolatoren (KSI) in allen Komponenten enthalten/ÜW3 Ansteuerseitige Überwachung		zur einzelnen, adressierten Steuerung mehrerer Ausgänge; kurzschlusstolerant durch Kurzschlussisolatoren	Änderung des Datenverkehrs durch Öffnen oder Kurzschließen des ÜW an verschiedenen Stellen: → Störungsmeldung → alle Komponenten bleiben funktionsfähig. Auslösen der betreffenden Brandfallsteuerung: → Steuerung ein

a) Die empfangsseitige Überwachung setzt das Vorhandensein einer Überwachungsspannung und Auswerteschaltung auf der Empfangsseite voraus.

b) Damit die Energieversorgung der Peripheriekomponenten erhalten bleibt, bestehen die High- und Low-Signale der Datentelegramme von der BMZ zu den Peripheriekomponenten häufig aus unterschiedlichen Spannungspegeln („+" und „++" geschaltet über „d1" und „d2"). Die High- und Low-Signale der Datentelegramme der Peripheriekomponenten zur BMZ werden dann aus mehr oder weniger hohen Stromantworten gebildet.

c) Der Betrieb der zweiten Überwachungs- und Treiberstufe erfolgt erst im Fehlerfall nach Trennen des Rings in zwei Teile.

d) Die Koppler werden auch im Fehlerfall des ÜW aus möglicherweise vor den geöffneten Kurzschlussisolatoren vorhandener Spannung über Dioden versorgt. Damit ist gewährleistet, dass die Kurzschlussisolatoren sich im Fall eines entsprechenden Befehls wieder einschalten können.

9 Schrifttum

Atomrecht

Betriebssicherheitsverordnung (BetrSichV)

DIN 14674 Brandmeldeanlagen; Anlagenübergreifende Vernetzung

DIN VDE 0833-2 Gefahrenmeldeanlagen für Brand, Einbruch und Überfall; Teil 2: Festlegungen für Brandmeldeanlagen (BMA)

Honorarordnung für Architekten und Ingenieure HOAI

Musterbauordnung (MBO)

Muster-Prüfverordnung (MPrüfVO)

Muster-Verordnung über die Prüfingenieure und Prüfsachverständigen (M-PPVO)

Muster-Prüfgrundsätzen der ARGEBAU

VDI 6010 Blatt 2 Sicherheitstechnische Einrichtungen; Ansteuerung von automatischen Brandschutzeinrichtungen

VDI 6010 Blatt 3 Sicherheitstechnische Einrichtungen für Gebäude; Vollprobetest und Wirkprinzipprüfung

VDI 6019 Blatt 1 Ingenieurverfahren zur Bemessung der Rauchableitung aus Gebäuden; Brandverläufe, Überprüfung der Wirksamkeit

VDI 6019 Blatt 2 Ingenieurverfahren zur Bemessung der Rauchableitung aus Gebäuden; Ingenieurmethoden

VDS 2496 VdS-Richtlinien für die Ansteuerung von Feuerlöschanlagen; Planung und Einbau

Vergabe- und Vertragsordnung für Bauleistungen (VOB Teil C)

vfdb-Grundsatzpapier

Vorschriften des Eisenbahnbundesamts (EBA)

Sonstiges 10

Prüfverordnungen und Prüfgrundsätze 10.1

Muster-Verordnung über Prüfungen von technischen Anlagen nach Bauordnungsrecht – MPrüfVO – (Muster-Prüfverordnung)

– Stand März 2011 –

Aufgrund von § 85 Abs. 1 Nr. 5 MBO wird verordnet:

§ 1 Anwendungsbereich

§ 2 Prüfungen

§ 3 Bestehende Anlagen und Einrichtungen

§ 4 Ordnungswidrigkeiten

§ 1 Anwendungsbereich

Diese Verordnung gilt für die Prüfung technischer Anlagen in

1. Verkaufsstätten im Sinne des § 1 der Muster-Verkaufsstättenverordnung (MVkVO) – Fassung September 1995 –,

2. Versammlungsstätten im Sinne des § 1 der Muster-Versammlungsstättenverordnung (MVStättV) – Fassung Juni 2005 –,

3. Krankenhäusern und Pflegeheimen,

4. Beherbergungsstätten im Sinne des § 1 der Muster-Beherbergungsstättenverordnung (MBeVO) – Fassung Dezember 2000 –,

5. Hochhäusern im Sinne des § 2 Abs. 4 MBO,

6. Garagen im Sinne des § 2 Abs. 7 Satz 2 MBO,

7. allgemeinbildenden und berufsbildenden Schulen,

wenn sie bauordnungsrechtlich gefordert oder soweit an sie bauordnungsrechtliche Anforderungen hinsichtlich des Brandschutzes gestellt werden.

§ 51 MBO bleibt unberührt.

§ 2 Prüfungen

(1) Durch Prüfsachverständige für die Prüfung technischer Anlagen müssen auf ihre Wirksamkeit und Betriebssicherheit einschließlich des bestimmungsgemäßen Zusammenwirkens von Anlagen (Wirk-Prinzip-Prüfung) geprüft werden:

1. Lüftungsanlagen ausgenommen solche, die einzelne Räume im selben Geschoss unmittelbar ins Freie be- oder entlüften,

2. CO-Warnanlagen,

3. Rauchabzugsanlagen,

4. Druckbelüftungsanlagen,

5. Feuerlöschanlagen, ausgenommen nichtselbständige Feuerlöschanlagen mit trockenen Steigleitungen ohne Druckerhöhungsanlagen,

6. Brandmelde- und Alarmierungsanlagen,

7. Sicherheitsstromversorgungen.

(2) Die Prüfungen nach Abs. 1 sind

1. vor der ersten Aufnahme der Nutzung der baulichen Anlagen,

2. unverzüglich nach einer technischen Änderung der baulichen Anlagen sowie

3. unverzüglich nach einer wesentlichen Änderung der technischen Anlagen sowie

4. jeweils innerhalb einer Frist von drei Jahren (wiederkehrende Prüfungen) durchführen zu lassen.

(3) Der Bauherr oder der Betreiber hat Prüfsachverständige mit der Durchführung der Prüfungen nach den Absätzen 1 und 2 zu beauftragen, dafür die nötigen Vorrichtungen und fachlich geeigneten Arbeitskräfte bereitzustellen und die erforderlichen Unterlagen bereitzuhalten.

(4) Der Bauherr oder der Betreiber hat die Berichte über Prüfungen nach Abs. 2 Nrn. 1 und 2 der zuständigen Bauaufsichtsbehörde zu übersenden sowie die Berichte über Prüfungen nach Abs. 2 Nr. 3 mindestens fünf Jahre aufzubewahren und der Bauaufsichtsbehörde auf Verlangen vorzulegen.

(5) Der Bauherr oder der Betreiber hat die festgestellten Mängel innerhalb der vom Prüfsachverständigen festgelegten Frist zu beseitigen.

§ 3 Bestehende Anlagen

1. Bei bestehenden technischen Anlagen ist die Frist nach § 2 Abs. 2 vom Zeitpunkt der letzten Prüfung zu rechnen. 2. Ist eine Prüfung nach § 2 bisher nicht vorgenommen worden, so ist die erste Prüfung innerhalb eines Jahres nach Inkrafttreten dieser Verordnung durchzuführen.

§ 4 Ordnungswidrigkeiten

Ordnungswidrig im Sinne des § 84 Abs. 1 Nr. 1 MBO handelt, wer vorsätzlich oder fahrlässig entgegen den §§ 2 und 3 die vorgeschriebenen Prüfungen nicht oder nicht rechtzeitig durchführen lässt.

Originaltext Prüfgrundsätze 10.2

Arbeitskreis
Technische Gebäudeausrüstung
der Fachkommission Bauaufsicht

Grundsätze für die Prüfung technischer Anlagen entsprechend der Muster-Prüfverordnung durch bauaufsichtlich anerkannte Prüfsachverständige
(Muster-Prüfgrundsätze)

Stand 26.11.2010

Inhalt:

5.6   Brandmeldeanlagen und Alarmierungsanlagen (BMA und
        elektroakustische Notfall-Warnsysteme – EAN)
5.6.1   Wechselwirkungen und Verknüpfungen mit anderen Anlagen
5.6.2   Brandmeldeanlagen
5.6.3   Alarmierungsanlagen

1 Allgemeines

Ziel der Prüfung ist es, die Wirksamkeit und Betriebssicherheit der Anlage festzustellen. Bei der Prüfung sind die einschlägigen Vorschriften
und Bestimmungen zu beachten. Die allgemein anerkannten Regeln der
Technik sind zu berücksichtigen.

Der Prüfsachverständige ist dafür verantwortlich, dass die an der einzelnen Anlage von ihm durchgeführten Prüfungen nach Art und Umfang
notwendig und hinreichend sind (Abschnitt 5 dieser Prüfgrundsätze).

Bei den Prüfungen sind alle Anlagenteile zu prüfen. Stichprobenprüfungen sind nur zulässig, soweit dies zu den einzelnen Prüfpunkten nach
Abschnitt 5 dieser Prüfgrundsätze ausdrücklich vermerkt ist (bei Prüfungen nach Errichtung oder wesentlicher Änderung mit „(S)", bei Wie-
derholungsprüfungen mit „(SW)").

Geht aus der Dokumentation und dem Zustand der Anlage hervor, dass
seit der letzten Prüfung an der Anlage oder in deren Umfeld wesentliche
Änderungen vorgenommen worden sind, ist – soweit keine genehmi-
gungsbedürftige Abweichung von dem genehmigten Brandschutzkonzept vorliegt – die wiederkehrende Prüfung als Erstprüfung durchzuführen.

2 Prüfgrundlagen

- Muster-Bauordnung*
- Muster-Verordnungen oder Muster-Richtlinien für Sonderbauten*
- eingeführte Technische Baubestimmungen,
- Verwendbarkeitsnachweise (z. B. allgemeine bauaufsichtliche Zulassungen)
- allgemein anerkannte Regeln der Technik
- Baugenehmigung

3 Bereitzustellende Unterlagen

Bauherr oder Betreiber haben die für die Prüfung erforderlichen Unterlagen bereitzustellen. Solche Unterlagen können insbesondere sein:

---

* nach Landesrecht

- Baugenehmigung einschließlich der genehmigten Bauvorlagen
- Brandschutznachweis
- Grundriss- und Schnittzeichnungen des Gebäudes, aus denen ersichtlich sind
  - Grundfläche, Raumhöhe und Rauminhalt
  - Brandabschnitte, Rauchabschnitte, Nutzungseinheiten
  - Wände, Decken, Abschlüsse und andere Bauteile mit vorgeschriebenem Feuerwiderstand
  - Art und Nutzung (Personenzahl, Garagenstellplätze u. Ä.)
  - Rettungswege
- Verwendbarkeitsnachweise
- Pläne und Schema der Anlage mit Angabe der wesentlichen Teile, der Installationsorte
- Aufstellungsorte, Steuereinrichtungen und Energieversorgung
- Alarmierungs- und Evakuierungspläne (soweit erstellt)
- Bemessungen der Anlagen
- Elektrischer Schaltplan der Anlagen sowie der Überwachungs- und Steuerungseinrichtungen
- Anlagen- bzw. Funktionsbeschreibung
- Angaben zur Löschmittelversorgung
- Prüfbericht der zuletzt durchgeführten Prüfung
- Errichtungs- und Instandhaltungsnachweis
- Messprotokolle über die Sprachverständlichkeit für Alarmierungsanlagen

4 Prüfbericht

Für jede Prüfung ist ein Prüfbericht nach diesem Abschnitt der Prüfgrundsätze zu erstellen.

Inhalt:

- Art und Standort der baulichen Anlage
- Bauherr/Betreiber (Auftraggeber)
- Name und Anschrift des Prüfsachverständigen
- Zeitraum/Zeitpunkt der Prüfung
- Art und Zweck der Anlage
- Art und Umfang der Prüfung (vor Inbetriebnahme, nach wesentlicher Änderung, wiederkehrende Prüfung, Prüfung nach Mängelbeseitigung)
- Kurzbeschreibung der Anlage mit Angabe der wesentlichen Teile
- vorgelegte Unterlagen
- Beurteilungsmaßstäbe (Rechtsvorschriften, Richtlinien, technische Regeln)
- Auslegungsdaten
- durchgeführte Funktionsprüfungen

– Betriebs- und Wartungszustand
– Sicherheitseinrichtungen
– Messergebnisse
– Nennung der verwendeten Mess- und Prüfgeräte
– Bewertung der Mess- und Prüfergebnisse
– Beschreibung der Mängel
– Bewertung der Mängel und fachliche Einschätzung zum Weiterbetrieb
– Fristangabe für Mängelbeseitigung
– Bescheinigung der Wirksamkeit und Betriebssicherheit
– Bestätigung, dass diese Prüfgrundsätze beachtet worden sind
– Feststellung der Beseitigung von Mängeln

5 Prüfungen

5.1 Lüftungsanlagen

5.1.1 Allgemeine Prüfanforderungen

– Wirksamkeit und Zustand der Zu- und Abluftöffnungen
– Übereinstimmung der lufttechnischen Bemessung mit der Nutzung und Druckhaltung (soweit bauordnungsrechtlich gefordert)

5.1.2 Lüftungszentrale (Raum)

– Einhaltung der Prüfgrundlagen (z. B. M-LüAR*)

5.1.3 Luftaufbereitungseinrichtung (Gerät)

– Eignung für die vorgesehene Nutzung
– Sichtprüfung des Zustands der Bauteile (z. B. Ventilatoren, Wärmeübertrager, Mischkammer, Filter, Gehäuse, Klappen, Anschlüsse der Versorgungs- und Entwässerungsleitungen)
– Kontrolle des Reinigungszustands
– Funktionsprüfung (z. B. der Ventilatoren, Klappensteuerung, Reparaturschalter, Antriebs-/Strömungsüberwachung, Frostschutz, Rauchauslöseeinrichtungen)
– Messungen des für den jeweiligen Nutzbereich bauordnungsrechtlich geforderten Volumenstroms unter Berücksichtigung aller die Luftförderung beeinflussenden Bauteile (Filter und Antrieb, z. B. Drehzahl, Stromaufnahme)

5.1.4 Lüftungsleitungen

– Einhaltung der Prüfgrundlagen (z. B. M-LüAR*)
– Sichtprüfung des inneren und äußeren Zustands (S) + (SW)

---

* nach Landesrecht

5.1.5 Absperrvorrichtungen gegen Brandübertragung
(z. B. Brandschutzklappen, Rauchschutzklappen)

- Eignung für den vorgesehenen Verwendungszweck
- Ausführung des Einbaus
- Funktion an allen Absperrvorrichtungen
  - äußere Prüfung der Anforderungen entsprechend Verwendbarkeitsnachweis (z. B. Zulassungsbescheid)
  - innere Sichtprüfung über Revisionsöffnung (Klappenblatt, Auslöseeinrichtung, Dichtung)
  - Kontrolle der nach Verwendbarkeitsnachweis vorgeschriebenen Instandhaltung

Bei Klappen kann die Funktionsprüfung bei wiederkehrenden Prüfungen auf ein Drittel der Klappen reduziert werden (SW), wenn
  - die regelmäßige Instandhaltung aller Klappen entsprechend Verwendbarkeitsnachweis nachgewiesen wird,
  - keine der geprüften Klappen fehlerhaft ist,
  - nach Ablauf von drei aufeinanderfolgenden Prüfungen alle Klappen vom Prüfsachverständigen geprüft worden sind.

Bei Absperrvorrichtungen K-18017, die im freien Querschnitt keine Einbauteile haben, kann auf die Funktionsprüfung bei wiederkehrenden Prüfungen verzichtet werden, wenn die innere Sichtprüfung der Lüftungsleitungen keine unzulässigen Schmutzablagerungen erkennen lässt.

5.1.6 Außenluft-/Fortluftöffnungen

- Einhaltung der Prüfgrundlagen (z. B. M-LüAR*)
- Einhaltung baurechtlicher und technischer Anforderungen hinsichtlich Hygiene, Schadstoffausbreitung, Schallschutz
- Sichtprüfung des technischen Zustands und des Reinigungszustands

5.1.7 Energieversorgung

- Sicht- und Funktionsprüfung

5.1.8 Mess-Steuer-Regel-Technik (MSR-Technik)

- funktionstechnische Eignung der Steuerung/Regelung
- Sichtprüfung des Zustands der Bauelemente
- Anzeige der Betriebszustände (Soll-Ist-Werte, Störmeldungen)
- Zugang und Berechtigung zum Bedienen (durch Vorlage der Dokumentation)
- Funktion der
  - Bedienelemente und Kontrollanzeigen

---

* nach Landesrecht

- Schutzeinrichtungen (Frostschutz, Strömung)
- Sicherheitsschaltung bei Störung (z. B. Garagenventilatoren)
- Klappensteuerung

Soweit MSR-Technik in eine Gebäudeleittechnik eingebunden ist, ist zu prüfen, ob die Auslösung der Klappen und die davon abgeleiteten Steuerbefehle nicht beeinträchtigt werden.

5.1.9 Wechselwirkungen und Verknüpfungen mit anderen Anlagen

- Funktionsfähigkeit der Lüftungsanlage im Hinblick auf die Übereinstimmung mit dem sicherheitstechnischen Steuerungskonzept der Anlagen
- Eignung der eingesetzten Systeme und Peripheriegeräte

5.1.10 Lüftungsanlagen für Räume mit erhöhten hygienischen Anforderungen in Krankenhäusern

- Prüfung der lufttechnischen Anlage nach Nr. 5.1.1 bis 5.1.9
- Funktion der Überwachungs- und Sicherheitseinrichtungen
- Filter (Eignung, Anordnung und Einbau)
- Luftaufbereitung
- Dichtheit der Lüftungsleitungen
- Luftführung im OP-Bereich sowie des Druckverhältnisses des OP-Raums zu angrenzenden Räumen

5.2 CO-Warnanlagen

- Zustandsprüfung der CO-Warnanlage
  - Anordnung und Anzahl der Messstellen
  - Zuordnung der Messstellen zu Lüftungsabschnitten
  - Anordnung der optischen und akustischen Signalgeber
  - Zugängigkeit und Bedienung der Anlage
- Funktionsprüfung der CO-Warnanlage
  - Einstellung der Schaltpunkte für die Ventilatoren
  - Störmeldung bei Ausfall des Gerätes
  - bei saugenden Anlagen Soll-Ist-Vergleich der Anzeige des Messumformers
  - Dichtheit aller Messgasleitungen
  - Ermittlung der Ansprechzeit der längsten Messleitung
  - bei elektrochemischen Messzellen Soll-Ist-Vergleich aller Messzellen
  - Anschluss an eine Sicherheitsstromversorgung

5.3 Rauchabzugsanlagen und Druckbelüftungsanlagen

5.3.1 Allgemeine Prüfanforderungen

- Übereinstimmung der technischen Ausführung mit den Anforderungen des Brandschutznachweises, insbesondere Bemessung
- Anordnung der Nachström-/Zuström- und Absaug-/Abströmöffnungen im Wirkbereich (Treppenraum, Garage, Verkaufsstätte u. Ä.)
- Einbindung in die Gebäudeleittechnik (GLT)
- bei sicherheitstechnisch relevanter Verknüpfung mit der Gebäudeleittechnik
  - Übereinstimmung mit dem Sicherheitskonzept der baulichen Anlage und den Anforderungen
  - Umsetzung der im Sicherheitskonzept festgelegten Anforderungsklassen, Eignung der eingesetzten Systeme und Peripheriegeräte

5.3.2 Ventilator

- Eignung für die vorgesehenen Anwendungen (Verwendbarkeitsnachweis, Temperatur-/Zeitbeständigkeit, ggf. Überbrückung des Motorschutzes)
- Sichtprüfung des Zustands (Ventilatoren, Anschluss an das Kanalnetz)
- Funktionsprüfung (einschließlich Reparaturschalter)
- Messungen der Volumenströme und Druckdifferenzen an den Fluchttüren
- Anschluss an die Sicherheitsstromversorgung

5.3.3 Entrauchungsleitungen und Zuluftführung

- Einhaltung der Prüfgrundlagen, z. B. Brandschutznachweis hinsichtlich der Anordnung und Ausführung der Entrauchungsleitungen
- Eignung der technischen Ausführung für die vorgesehenen Anwendungen (z. B. Zuluftführung über feuerwiderstandsfähige Lüftungsleitungen gemäß M-LüAR*)

5.3.4 Entrauchungsklappen

- Übereinstimmung der Anordnung mit dem Anlagenkonzept
- Eignung für den vorgesehenen Verwendungszweck
- Ausführung des Einbaus
- Funktionskontrolle an allen Klappen (Ansteuerung, äußere Prüfung und Kontrolle der nach Verwendbarkeitsnachweis vorgeschriebenen Instandhaltung)

---

* nach Landesrecht

5.3.5 Klappen, Nachström- und Abströmöffnungen
– Übereinstimmung der Anordnung mit dem Anlagenkonzept
– Funktionsprüfung

5.3.6 Außenluft-/Ansaug- und Fortluft-/Ausblasöffnungen
– Einhaltung der Prüfgrundlagen
– Einhaltung technischer Anforderungen hinsichtlich der Betriebssicherheit
– Sichtprüfung des Zustands, ggf. Rauchversuch

5.3.7 Natürliche Rauchabzugsgeräte
– Sichtprüfung
– Eignung für den vorgesehenen Verwendungszweck

5.3.8 Mess-Steuer-Regel-Technik (MSR-Technik)
– funktionstechnische Eignung der Steuerung oder Regelung
– Sichtprüfung des Zustands der Bauelemente
– Funktion der Betriebs- und Störmeldungen, der Bedienelemente und Klappensteuerung

5.3.9 Wechselwirkungen und Verknüpfungen mit anderen Anlagen
– Funktionsfähigkeit der Rauch- und Wärmeabzugsanlage im Hinblick auf die Übereinstimmung mit dem sicherheitstechnischen Steuerungskonzept der Anlagen
– Eignung der eingesetzten Systeme und Peripheriegeräte

5.3.10 Druckbelüftungsanlagen
– Prüfung der lufttechnischen Anlage nach Nr. 5.1.1 bis 5.1.9
– Abströmgeschwindigkeiten z. B. im Türquerschnitt
– Türöffnungskräfte der Türen in Rettungswegen
– Regelverhalten
– Anschluss an eine Sicherheitsstromversorgung
– Anordnung und Funktion der Auslöseeinrichtungen
– Anschluss an die Brandmeldeanlage, sofern vorhanden

5.4 Feuerlöschanlagen

5.4.1 Allgemeine Prüfanforderungen
– Übereinstimmung mit den Prüfgrundlagen (z. B. Brandschutznachweis)
– Bemessung der Anlage
– Sichtprüfung Gesamtanlage und der Bauteile
– Anschluss an eine Sicherheitsstromversorgung
– Sicherstellung der Löschmittelversorgung

- Bemessung der Löschmittelvorratsmenge einschließlich der Einsatz- und Reservemengen

5.4.2 Löschmittel Wasser

- Zugänglichkeit der Wasserquelle und -versorgung
- Schutz des Trinkwassers (Wasserentnahme, Wahl der Sicherungseinrichtungen z. B. freier Auslauf)
- Frostsicherheit
- ausreichende Hinweisschilder
- Druckerhöhungsanlage/Feuerlöschpumpe
  - Zustand (Sichtprüfung)
  - Funktion
  - Ein-/Ausschaltdruck
  - Zulaufdruck (Vermeidung von Kavitation)
  - Schalthäufigkeit
  - Störmeldung

5.4.3 Andere Löschmittel

- Zuordnung der Alarmierungs- und Löschbereiche
- Energieversorgung (elektrisch und/oder pneumatisch)

5.4.4 Wechselwirkungen und Verknüpfungen mit anderen Anlagen

- Funktionsfähigkeit der Feuerlöschanlage im Hinblick auf die Übereinstimmung mit dem sicherheitstechnischen Steuerungskonzept der Anlagen
- Eignung der eingesetzten Systeme und Peripheriegeräte

5.4.5 Spezielle Prüfungen für nichtselbsttätige Feuerlöschanlagen

5.4.5.1 Anlagen mit nassen Steigleitungen

- Rohrnetz
- Wandhydranten
  - Ausrüstung, Schlauchlänge (SW)
  - Zugängigkeit
  - Schlauchdruckprüfung (S) + (SW)
  - Wasserdruck, Wassermenge
  - Kennzeichnung, Bedienungsanleitung

5.4.5.2 Nass-Trockenanlagen

- Prüfung nach 5.4.5.1
- Funktion der Füll- und Entleerstationen (Warneinrichtung)
- Funktion der Endschalter
- Flutung der Anlage, Füllzeit
- Entleerung (Gefälle der Rohrleitung)

5.4.6   Spezielle Prüfungen für selbsttätige Feuerlöschanlagen –
         Löschmittel Wasser

5.4.6.1   Zentrale
– Zugängigkeit
– Beheizung/Belüftung
– Reserve-Sprühdüsen

5.4.6.2   Rohrnetz einschließlich Düsen
– Anlage vor der Ventilstation
   • Zustand (Sichtprüfung)
   • Frostsicherheit
– Anlage hinter der Ventilstation
   • Eignung der Düsen
   • Anordnung und Anzahl der Düsen
   • Entleerung
   • Beeinträchtigung der Löschwirkung (z. B. durch nachträgliche Ein-
     bauten)
   • Funktion Strömungswächter

5.4.6.3   Druckluft-/Wasserbehälter einschließlich Speisepumpe und
         Kompressor
– Eignung für die Anlage
– Funktion (Pumpe und Kompressor)
– Füllstand, Druck des Behälters

5.4.6.4   Ventilstation
– Zustand (Sichtprüfung)
– Eignung
– Funktion der Druckschalter
– Probebetrieb, Alarmierung
– Aufschaltung zur Feuerwehr

5.4.7   Spezielle Prüfungen für selbsttätige Feuerlöschanlagen –
         andere Löschmittel

5.4.7.1   Zentrale
– Prüfung der technischen Ausstattung im Hinblick auf die vorgesehe-
  ne Nutzung
– Einhaltung der Temperaturgrenzen

5.4.7.2   Löschmittelbehälter
– Eignung der Behälter
– Kennzeichnung
– Füllmenge/Fülldruck

5.4.7.3 Bereichsventil und Verteiler

- Lage
- Funktion des Bereichsventils
- Flutungszeiten aller Löschbereiche (nur bei Niederdruck)

5.4.7.4 Löschbereich

- Warn- und Hinweisschilder
- Gasdichtigkeit der Raumumfassung (bei Erstprüfung und wesentlicher Änderung der baulichen Anlage)
- Haltezeit
- Verhinderung einer unzulässigen Zusammenwirkung mit raumlufttechnischen Anlagen

5.4.7.5 Ansteuerung und Detektion

- Funktion der Branddetektion
- Funktion der Ansteuerung der Löschanlage und der erforderlichen Steuerfunktion der Betriebsmittel
- Anfluten aller Flutungsbereiche (nur bei Erstprüfung)

5.4.7.6 Rohrnetz einschließlich Düsen und Druckreduziereinrichtungen

- Potenzialausgleich
- Düsen und Druckreduziereinrichtungen
- Anordnung, Anzahl und Größe der Düsen
- Beeinträchtigung der Löschwirkung (z. B. Behinderung des Düsenstrahls)

5.4.7.7 Verzögerungseinrichtung

- Eignung für die Anlage
- Funktion
- Vorwarnzeiten aller Löschbereiche

5.4.7.8 Eigene Alarmierungseinrichtungen

- Eignung für die Anlage
- Anordnung und Funktion der Alarmierungseinrichtungen
- ausreichende Stärke der Alarm- und Signalgeber

5.4.7.9 Druckentlastungseinrichtungen

- technische Ausführung
- Zuordnung zum Löschbereich
- Funktion und Ansteuerung

5.4.7.10 Überwachung

- technische Ausführung und Funktion

5.4.7.11   Zusätzliche Anforderungen an den Personenschutz

- Funktion der Blockiereinrichtung
- Schutz gegen Überflutung, z. B. von Flucht- und Rettungswegen
- Vorwarnzeit für die Evakuierung
- ausreichende Verhinderung von Löschmittelverschleppung

5.5   Sicherheitsstromversorgung

5.5.1   Allgemeine Prüfanforderungen

- Einhaltung der Prüfgrundlagen, z. B. Übereinstimmung mit den Anforderungen des Brandschutzkonzepts
- Eignung und Netzaufbau der Sicherheitsstromversorgung
- EMV-gerechte Installation
- Technische Dokumentation der Sicherheitsstromversorgung einschließlich der angeschlossenen Sicherheitseinrichtungen
- Übereinstimmung der Dokumentation mit der Ausführung für Unterverteiler (S) + (SW), für andere Anlagenteile nur bei Erstprüfung und nach wesentlicher Änderung

5.5.2   Wechselwirkungen und Verknüpfungen mit anderen Anlagen

- Funktionsfähigkeit der Sicherheitsstromversorgungsanlage im Hinblick auf die Übereinstimmung mit dem sicherheitstechnischen Steuerungskonzept der Anlagen
- Auswahl der eingesetzten Systeme und Peripheriegeräte
- sicherer Zustand der verknüpften Anlagen bei Ausfall der Gebäudeleittechnik
- Vor-Ort-Steuerung, Leitrechner und Energieversorgung unter Berücksichtigung
  - der störspannungsarmen Installation der Übertragungswege (SW)*,
  - der sicherheitsrelevanten Teile der Gebäudeleittechnik und der Signalwege (SW)*,
  - der Fehlersimulation (S)* + (SW)*

5.5.3   Verknüpfung der allgemeinen Stromversorgung mit der Sicherheitsstromversorgung

- Netzkonfiguration
- Abschaltbedingungen, Kurzschlussfestigkeit und Selektivität im Netz- und SV-Betrieb
- Synchronisation bei möglichem Parallelbetrieb

---

* Stichproben nach DIN VDE 0105

5.5.4 Ersatzstromquellen

5.5.4.1 Ergänzende Prüfanforderungen für Ersatzstromquellen

- technische Ausführung der Ersatzstromquellen
- technische Ausstattung des Aufstellraums im Hinblick auf die vorgesehene Nutzung und Einhaltung der Prüfgrundlagen
- Zubehör und Ausrüstungen des Aufstellraums
- Ausführung und Auslegung der Schaltgerätekombination für die Ersatzstromquellen
- Ausführung, Auslegung und Funktion der Schutz-, Überwachungs- und Störmeldeeinrichtungen
- Funktion der Anzeigegeräte
- Stör- und Betriebsmeldungen

5.5.4.2 Stromerzeugungsaggregat

- Ausführung der Anlage zur Abführung der Verbrennungsgase des Aggregats
- Bemessung der Energiebevorratung und der Einrichtungen zur Überwachung des Aggregats, bei Erstprüfung und nach wesentlicher Änderung
- Funktionsprüfungen
- Eignung der Starteinrichtung bei Erstprüfung und nach wesentlicher Änderung der Spannungsversorgung der Steuerung des Aggregats
- Startbedingungen des Stromerzeugungsaggregats
- Schaltvorgänge für Leistungsübernahme
- Schutz- und Überwachungsfunktionen
- Regelfunktion bei Laständerungen
- Not-Aus-Vorrichtung

5.5.4.3 Betriebsgrenzwerte des Stromerzeugungsaggregats bei Lastbetrieb

- Nachweis der Übernahme der Betriebslast unter Einbeziehung der angeschlossenen Sicherheitseinrichtungen und Aggregate unter Berücksichtigung der
  - Spannung sowie der statischen und dynamischen Spannungsabweichungen einschließlich Spannungsausregelzeit bei Laständerungen
  - Frequenz sowie der statischen und dynamischen Frequenzabweichung einschließlich Frequenzpendelbreite bei Laständerungen
  - Oberschwingungen in der Spannung
  - Belastung einschließlich möglicher Schieflast

5.5.4.4   Batterie und Ladeeinrichtung
- Funktionsprüfung
- Kapazitätsprüfung der Batterie
- technische Ausführung und Funktion der Ladeeinrichtung

5.5.5   Hauptverteiler
- technische Ausstattung des Aufstellraums und Einhaltung der Prüfgrundlagen (z. B. MLAR*, MEltbauVO*)
- Art, Anordnung, Steuerung und Funktion der Netzumschaltung
- Einhaltung des Schutzes gegen elektrischen Schlag, der Isolation sowie der Abschalt- und Selektivitätsbedingungen (S)** + (SW)**
- thermische und dynamische Auslegung der Bauteile
- Einhaltung der Grenzwerte der Oberschwingungsbelastung (S) + (SW)**

5.5.6   Kabel- und Leitungsanlagen
- Funktionserhalt der Kabel- und Leitungsanlagen (SW)**
- technische Ausführung der Überlast- und Kurzschlussschutzeinrichtungen, Schutz gegen elektrischen Schlag der Kabel und Leitungen sowie Spannungsfall unter Brandeinwirkung (SW)**
- Sicherheit der Kabelverbindung ab Hauptverteiler

5.5.7   Unterverteiler
- Technische Ausführung des Brandschutzes, Zugang und Kennzeichnung des Unterverteilers
- Absicherung der Endstromkreise und Zuordnung der Leiter (S) + (SW)**
- Einhaltung des Schutzes gegen elektrischen Schlag, der Isolation sowie der Abschalt- und Selektivitätsbedingungen (SW)**

5.5.8   Sicherheitsbeleuchtungsanlage
- Prüfung der Sicherheitsstromquelle und -verteilung nach Nr. 5.5.4
- zentrale Anlage (Sicherheitslichtgeräte und Umschalteinrichtungen)
  • Eignung der verwendeten Schutz- und Schaltorgane auf Allstromtauglichkeit (S)** + (SW)**
  • sichere Funktion der Umschalteinrichtungen
  • technische Ausstattung des Aufstellraums im Hinblick auf die vorgesehene Nutzung und Einhaltung der Prüfgrundlagen (z. B. MLAR*)
  • Ausführung der Netzumschaltung
  • Anzeigen der Betriebs- und Störmeldungen

---

* nach Landesrecht
** Stichproben nach DIN VDE 0105

- örtliche Installation
  - Anordnung der Leuchten und Aufteilung auf die Stromkreise (SW)*
  - Ausreichende Beleuchtungsstärke und Gleichmäßigkeit
  - Übereinstimmung der Dokumentation mit der Beschriftung der Sicherheitsleuchten (SW)*

5.6 Brandmeldeanlagen und Alarmierungsanlagen (BMA und elektroakustische Notfall-Warnsysteme – EAN)

5.6.1 Wechselwirkungen und Verknüpfungen mit anderen Anlagen

- Funktionsfähigkeit der Brandmeldeanlage und Alarmierungsanlage im Hinblick auf die Übereinstimmung mit dem sicherheitstechnischen Steuerungskonzept der Anlagen
- Auswahl der eingesetzten Systeme und Peripheriegeräte
- sicherer Zustand der verknüpften Anlagen bei Ausfall der Gebäudeleittechnik
- Vor-Ort-Steuerung, Leitrechner und Energieversorgung unter Berücksichtigung
  - der störspannungsarmen Installation der Übertragungswege (SW)**
  - der sicherheitsrelevanten Teile der Gebäudeleittechnik und der Signalwege (SW)**
  - der Fehlersimulation (S)** + (SW)**

5.6.2 Brandmeldeanlagen (BMA)

- Übereinstimmung der technischen Ausführung mit den Anforderungen
  - an die Anordnung der vorgesehenen Meldebereiche
  - an das Zusammenwirken der weiteren notwendigen Brandschutzeinrichtungen mit der BMA und Feststellung der Rückwirkungsfreiheit der Verknüpfungen
  - an die Weiterleitung der Alarm- und Störmeldungen
  - zur Vermeidung von Falschalarm
- Brandmeldezentrale (BMZ)
  - technische Ausstattung des Aufstellraums im Hinblick auf die vorgesehene Nutzung
  - Energieversorgung und Überspannungsschutz der BMA

---

* Die Kontrolle der Leuchten kann auf ein Drittel reduziert werden, wenn
 – keine Fehler festgestellt werden
 – nach Ablauf von drei aufeinander folgenden Prüfungen alle Leuchten vom Prüfsachverständigen geprüft worden sind.
** Stichproben nach DIN VDE 0105

- Funktion der Betriebs- und Störmeldungen
- Ansteuerung peripherer Einrichtungen (z. B. Schlüsseldepot, Feuerwehrbedienfeld, Kennleuchte)
- Aufschaltung zur Feuerwehr
- Verwendung von Primär- und Sekundärleitungen
- Hauptmelder (z. B. Standleitung, digitale Übertragung)
- Brandfallsteuerungen, ggf. sicherheitsrelevante Verknüpfungen mit der Gebäudeleittechnik (z. B. Ansteuerung von Rauchabzugs- anlagen oder Aufzügen)
- Übertragungswege
  - Funktionserhalt der Kabel und Leitungsanlagen (z. B. MLAR*), elektromagnetische Beeinflussung und Meldetechnik (SW)
- Brandmelder, Meldergruppen und Melderbereiche
  - Zuordnung zu Meldergruppen und Melderbereichen (SW)**
  - Eignung und Anordnung der automatischen Melder nach Brand- kenngrößen und Raumgeometrie (SW)
  - Anordnung der nichtautomatischen Melder nach Fluchtwegver- lauf (SW)
  - Maßnahmen zur Vermeidung von Falschalarmen (SW)
  - Anordnung der Trennelemente (bei Ringleitungen) (SW)
  - Melderbeschriftung (SW)
  - Funktion der Melder (S)** + (SW)**

5.6.3 Alarmierungsanlage (EAN)

- Übereinstimmung der technischen Ausführung mit den Anforderun- gen
- technische Umsetzung der Anforderungen des Alarmierungs- und Beschallungskonzeptes
- Aktivierung der EAN durch die Brandmelderanlage bzw. Gebäude- leittechnik
- Zentrale
  - Technische Ausstattung im Hinblick auf die vorgesehene Nutzung
  - Energieversorgung
  - Verstärkeranlage (Auslastung, Impedanz)
  - Funktion der Betriebs- und Störmeldungen
  - automatische Fehlerüberwachung

---

* nach Landesrecht
** Bei Vorlage einer vollständigen Errichterbescheinigung genügt eine vollstän- dige Prüfung der nicht automatischen Melder sowie Stichprobenprüfung der automatischen Melder eines Überwachungsbereiches, mindestens 1 Melder pro Meldergruppe. Stellen sich dabei Widersprüche zur Errichterbescheini- gung heraus, ist auch bei automatischen Meldern eine 100 %-Prüfung vorzu- nehmen.

- sicherheitsrelevante Verknüpfung zur Brandmelderanlage und/
  oder Gebäudeleittechnik
- Übertragungswege
  - Funktionserhalt der Kabel- und Leitungsanlagen (z. B. MLAR*),
    elektromagnetische Beeinflussung und störungsfreie Übertragung (SW)
- Alarm- und Signalgeber (S)** + (SW)**
  - ausreichende Beschallung und ausreichende Sprachverständlichkeit
  - Anordnung und Funktion der Alarmgeber

---

* nach Landesrecht

** Liegen keine Messprotokolle vor, ist eine 100%-Prüfung erforderlich. Eine
100%-Prüfung ist auch erforderlich, wenn bei den Stichprobenprüfungen Widersprüche zu den Messprotokollen festgestellt werden.

Abkürzungen   10.3

BACnet	Building Automation and Control Networks
BMA	Brandmeldeanlage
CAFM	Computer Aided Facility Management
MRA	maschinelle Rauch- und Wärmeabzugsanlage
NRA	natürliche Rauch- und Wärmeabzugsanlage
RDA	Rauch-Druck-Anlage
RLT	raumlufttechnische Anlage
RWA	Rauch-Wärme-Abzug
SIBEL	Sicherheitsbeleuchtung
sSk	sicherheitstechnisches Steuerungskonzept
SV-Netz	Stromversorgungsnetz
STE	elektrische Steuereinrichtung einer Brandmeldeanlage
ÜW	Übertragungsweg
ZÜS	Zugelassenen Überwachungsstellen